供應鏈金融模式創新與風險管理
理論與實證研究

願婧 著

崧燁文化

序

「才過道蘊，心若婕妤。」在追逐真理的道路上，顧婧女士無疑是一位非凡的勇士。雖然也和所有的小姑娘一樣，偶爾會開點兒小差，但這依然難掩她身上理性的光輝和執著於思辨的巨大熱情。她也是一名真正偉大的傳道者。對於顧婧女士而言，課堂就是她人生最珍惜的舞臺，而她正是這舞臺中央令人感動的舞者。我聽過顧婧女士對於投資行為以及供應鏈金融等問題的分析，熟悉她飛揚的闡述風格和個性化的語言表達。她總是善於將深邃的思想變為簡單、容易理解的語言。我猜測這是由於她的理科科班背景，無論是對於學術還是生活，顧婧女士總是抽絲剝繭，追求極致簡潔的美。而這從另一方面也帶給她感悟世界的深刻洞察力。我偶爾會和她一起探討、爭論如何在萬花漸欲迷人眼的匆匆歲月裡激濁揚清，培養具有超越歷史價值的不朽靈魂。她對自己學生的熱忱和體恤常常讓我心生羨慕。在我眼裡，顧婧女士是一位認真的舞者，甚至有時候認真得略顯生澀。但不可否認這種真摯的力量具有極強的感染力。能與她共舞是件極其幸運的事。這種經驗也總是不會被忘記的，就像她本人一樣。

供應鏈金融現在看起來顯然是一個十分時髦的研究領域。從100多年前縱向一體化，到20世紀80年代全球性外包，再到近30年來迅速興起的財務供應鏈重構，在集成視角下考慮供應鏈整體金融服務，已成為更細緻專業化分工和產業結構扁平趨勢下的必然。本書是顧婧女士2012—2015年期間在四川大學從事科研教學工作所取得的部分研究成果。這段時間她將研究興趣從風險投資領域進行廣泛延展。這些建設性的延展在她的澆灌下如一朵朵花蕾。其中一些現已初步綻放出絢麗，而供應鏈金融正是這些絢麗中的一枝。事實上，高效低成本的供應鏈金融服務依賴於供應鏈深度協作下的財務集成與共享。這不但涉及市場邊界擴寬以及治理網路化的程度，同時也受到產業所處不同文化的深刻影響。在西方金融結構下，供應鏈金融多作為核心企業金融服務的重要增值點，而在中國，由於整體產業鏈在國際分工中所處層級較低，加上共享協作文

化的缺失，使得金融機構介入供應鏈金融時往往只能從中小供應商入手。在國有資本主導金融市場的背景下，這大大削弱了供應鏈金融在中國的發展和創新。

顧婧女士在追逐真理的路上彰顯了其毋庸置疑的敏銳和才華。然而她又不僅是一個張開懷抱去努力觸碰上帝之手的小姑娘，她的天賦才能在於能夠以上帝意志恰如其分地推動每一步前進的步伐。在撰寫本書期間，她多次奔波於企業和政府之間。她一針見血地指出，在國有資本主導的金融秩序下，大型金融機構從根本上缺乏進行供應鏈金融集成服務的動力。她也與核心企業一起，共同探索和創新了供應鏈金融新模式。顧婧女士對中國背景下供應鏈金融的深刻洞察也構成了其2015年博士後工作報告的重要部分。而該報告部分被整理成為本書素材。對於我而言，顧婧女士絕不只是一名優秀和真誠的合作者，她更是我的一名摯友。在對完美的極致考究中，她洞見了這個世界，而她對這個世界超越洞見的執著和熱情，更渲染了理性智慧下人性的光輝。

我非常榮幸地接受顧婧女士的邀請，並僅以淺薄之識為本書作序。

目　錄

1 緒言 / 1
　1.1 研究背景及意義 / 1
　　1.1.1 供應鏈金融的產生背景 / 1
　　1.1.2 供應鏈金融的定義和發展 / 1
　　1.1.3 中小企業在經濟發展中的重要性 / 2
　　1.1.4 中國中小企業的窘境 / 3
　　1.1.5 目前已有的解決中小企業融資問題的途徑 / 4
　　1.1.6 供應鏈金融對中小企業的意義 / 7
　　1.1.7 理論及現實研究意義 / 8
　1.2 相關文獻綜述 / 10
　　1.2.1 中小企業融資文獻綜述 / 10
　　1.2.2 供應鏈金融文獻綜述 / 13
　1.3 研究思路與結構 / 19
　1.4 創新之處 / 22

2 中小企業融資現狀調研分析 / 23
　2.1 中小企業融資現狀 / 23
　　2.1.1 中小企業融資面臨的困境 / 23
　　2.1.2 中小企業融資難的成因 / 26
　2.2 科技型中小企業融資困境因素分析 / 27
　　2.2.1 描述性統計分析 / 28

          2.2.2　Pearson 相關性分析 / 29
          2.2.3　基於逐步線性迴歸的企業融資額預測分析 / 30
          2.2.4　企業融資管道的影響因素分析 / 31
          2.2.5　實證結果分析 / 34
     2.3　白酒製造企業融資需求及現狀分析 / 35
          2.3.1　核心白酒企業融資需求 / 35
          2.3.2　核心白酒企業融資現狀 / 35
          2.3.3　供應商融資需求及現狀 / 35
          2.3.4　白酒供應鏈融資存在的問題 / 39
          2.3.5　目前酒類企業融資面臨障礙的原因剖析 / 41
          2.3.6　中小酒類企業自身存在的缺陷 / 43

3　供應鏈金融理論基礎研究 / 44
     3.1　供應鏈金融的概念 / 44
     3.2　供應鏈金融的發展現狀分析 / 45
          3.2.1　同業發展現狀 / 45
          3.2.2　基本業務模式 / 48
     3.3　供應鏈金融背景下的銀行信貸機制問題 / 53
          3.3.1　預備知識 / 54
          3.3.2　模型與假設 / 55
          3.3.3　研究結論 / 61

4　供應鏈金融創新模式 / 62
     4.1　供應鏈金融創新模式及其理論依據 / 62
          4.1.1　供應鏈金融創新模式的背景 / 62
          4.1.2　供應鏈金融創新模式 / 63
     4.2　供應鏈金融創新模式的理論依據 / 64
          4.2.1　關係的緊密性 / 65
          4.2.2　訊息的對稱性 / 65

4.2.3 信任的補償性 / 65

4.2.4 信用風險的可控性 / 66

4.3 來自瀘州老窖集團的經驗證據 / 67

4.3.1 抵押物範圍的對比 / 67

4.3.2 融資額度的對比 / 68

4.3.3 融資成本的對比 / 69

4.4 數據質押視角下供應鏈企業授信額度研究 / 70

4.4.1 授信額度模型建立 / 71

4.4.2 案例分析 / 74

4.4.3 結論與展望 / 79

5 供應鏈金融信用風險研究 / 81

5.1 企業集團信用風險度量研究 / 81

5.1.1 模型假設與構建 / 82

5.1.2 模型分析 / 85

5.1.3 仿真與信用風險成分分析 / 87

5.1.4 結果分析 / 90

5.2 供應鏈企業違約風險度量 / 91

5.2.1 供應鏈企業違約風險度量基本模型建立 / 91

5.2.2 供應鏈企業傳染違約風險度量 / 102

5.2.3 實例分析 / 103

5.2.4 結論 / 108

6 供應鏈金融生態理論 / 110

6.1 供應鏈金融生態 / 110

6.1.1 金融生態 / 110

6.1.2 產業共生 / 113

6.1.3 供應鏈金融生態 / 115

6.1.4 供應鏈金融與產業共生 / 117

6.2 供應鏈金融生態圈的建設 / 119

    6.2.1 供應鏈金融生態體系構建的設想 / 119

    6.2.2 白酒供應鏈金融生態圈構建——以瀘州老窖為例 / 122

6.3 供應鏈金融生態圈建設的機制設計建議 / 125

    6.3.1 供應鏈金融生態主體治理和協調機制 / 125

    6.3.2 供應鏈生態環境改善和發展機制 / 127

    6.3.3 維持供應鏈動態平衡輔助機制 / 128

7 結束語 / 130

7.1 全書總結 / 130

7.2 研究展望 / 132

參考文獻 / 134

後記 / 151

1 緒言

1.1 研究背景及意義

1.1.1 供應鏈金融的產生背景

20世紀末，供應鏈金融作為一項被國內外商業銀行廣泛關注的創新業務，不但給商業銀行帶來了新的市場機會和盈利模式，而且由於其能夠有效地降低供應鏈管理的成本而受到企業界的重視。現代意義上的供應鏈金融的概念，源於20世紀80年代世界級企業巨頭尋求成本最小化下的全球性業務外包[1]。隨著經濟全球化時代和信息時代的到來，企業間的競爭加劇，各個企業不斷尋求新的經營和管理模式，以求在市場中處於有利地位。供應鏈管理成為企業家關注的一個重要方向。20世紀70年代，行業領導注重產品質量的優勢，帶動了全面質量管理和零缺陷管理技術的發展。20世紀80年代，產品質量退出企業關鍵競爭要素領域，成為企業經營的一項基本能力，行業領導者轉向生產效率的提升，出現了準時制、大規模定制等管理思想。到20世紀90年代後，企業的生產效率已經得到大幅度提升，更多企業家開始關注通過企業間合作降低成本，形成共贏局面的供應鏈管理方式進行企業管理，從而優化產品和服務的整個過程。全球經濟競爭的模式由原來的企業間競爭逐漸轉變為不同生產工序機器服務體系構成的供應鏈之間的競爭。供應鏈管理建立在供應鏈金融的基礎之上，為提高管理效果，我們首先需要研究供應鏈金融。

1.1.2 供應鏈金融的定義和發展

對於供應鏈金融的概念，學術界和企業界並未有統一的定義。從廣義來看，供應鏈金融是指對供應鏈金融資源的整合，它是由供應鏈中特定的金融組織者為供應鏈資金流管理提供的一整套解決方案。Michael（2007）[2]從供應鏈

核心企業的視角提出了供應鏈金融的定義，即一種在核心企業主導的企業生態圈中，對資金的可得性和成本進行系統優化的過程。而 Aberdeen（2006）[3] 則從電子交易平臺服務商的視角對供應鏈中資本成本問題進行瞭解釋。Hofmann（2005）[4] 剖析了供應鏈金融的基本流程和構成要素，分別從宏觀、微觀層面分析了供應鏈金融的參與主體，以及供應鏈金融的協作特徵與跟蹤資金流、使用資金流和融通資金流的基本功能，為供應鏈金融概念的出現提供了鋪墊。而另一種研究視角主要基於銀行的角度來論述供應鏈金融。由於國內供應鏈金融業務多是以銀行為主導，因而國內學者多從此角度進行闡述。綜上所述，基於國內外學者的研究，本書將供應鏈金融定義為中小企業通過依附與其貿易相關的核心企業、物流監管公司，結合資金流引導工具，形成完整的產業鏈，以期降低融資成本、增強自身信用的一種新型融資模式。

目前，供應鏈金融作為一項金融創新，不僅能夠解決由全球性外包活動導致的供應鏈融資成本居高不下以及供應鏈節點資金的瓶頸問題，還能夠緩解後金融危機背景下日益凸顯的中小企業融資難問題。近年來，供應鏈金融業務在全球發展迅速。2011 年供應鏈金融業務在發達國家的增長率為 10% 到 30%，而在中國、印度等新興經濟體的增長率在 20% 到 25% 之間。根據前瞻產業研究院的預測，到 2020 年，中國供應鏈金融的市場規模可達 14.98 萬億元左右。黨的十八屆五中全會上，中央將擘畫中國步入經濟「新常態」後的第一個五年規劃藍圖，聚焦大眾創業、萬眾創新的經濟發展理念，互聯網+供應鏈金融將成為金融創新的又一種新常態。而供應鏈金融在新常態經濟背景下中小企業融資難問題上的應用為中國中小企業融資問題的解決開拓了一個新思路。

1.1.3　中小企業在經濟發展中的重要性

中小企業是金融市場的活躍劑，在國民經濟發展中扮演著至關重要的角色。即使是在發達的市場經濟國家，中小企業也始終有重要作用。2005 年，美國中小企業總數達 5,983,546 家，其中雇員小於 20 人的約占企業總數的 89.54%，小於 500 人的約占總數的 99.71%[①]，它們創造的增加值占 GDP 的 60% 以上，GNP 的 45% 以上。同樣，中國的中小企業對穩定中國市場經濟、調動市場活力、促進社會穩定具有重要作用，尤其是對當前緩解中國緊張的就業壓力、確保市場經濟轉型具有重大意義。

中小企業是中國經濟保持持續增長的保障。截至 2015 年年末，全國工商

---

① 數據來源：美國小企業管理局。

登記中小企業超過 2,000 萬家，個體工商戶超過 5,400 萬戶，中小企業利稅貢獻穩步提高①。以工業為例，截至 2015 年年末，全國規模以上中小工業企業②達 36.5 萬家，占規模以上工業企業數量的 97.4%；實現稅金 2.5 萬億元，占規模以上工業企業稅金總額的 49.2%；完成利潤 4.1 萬億元，占規模以上工業企業利潤總額的 64.5%。從貢獻上看，中小企業提供了 80% 以上的城鎮就業崗位，成為就業的主渠道。其創造的最終產品和價值占中國 GDP 的 65% 以上，中小企業完成的稅收占據中國全部稅收的 50%，其提供的產品、服務和技術出口占中國總出口量的 68%，中小企業已經成為中國整個國民經濟增長中的重要組成部分和推動力量③。同大型企業相比，無論是從工業總產值比例或者增加值比例，中小企業均超過大型企業。同時，由於中小企業規模小，受監管力度弱，其經營方式更靈活，在資金的使用效率方面也高於其他大型企業。

1.1.4 中國中小企業的窘境

中小企業融資瓶頸是一項世界難題，在中國也不例外。雖然中小企業對中國國民經濟穩定與發展起著舉足輕重的作用，但中小企業所獲得的融資與其對中國經濟建設與發展的貢獻率不成正比。2011 年全國工商聯對廣東、浙江、江蘇等 16 個省份進行系統調研的結果顯示，中小企業尤其是小型、微型企業面臨的融資瓶頸問題可能比 2008 年金融危機時更為嚴重。目前，中國中小企業的綜合平均融資成本達到 13.21%，仍處於較高水平[6]，融資困難已經成為制約中小企業發展的最大瓶頸，融資問題也再度成為社會各界關注的熱點問題。

中小企業融資難的根本原因在於其自身因素和外部環境兩大方面的影響。一方面，相對於大企業而言，中小企業發展規模更小，資信狀況更差，尤其處於初創期、發展期和未上市的中小企業，很難通過股票或者債券的方式獲得能供其本身運轉的資金，獲取資金的唯一途徑便是銀行貸款。但是銀行通常根據企業的資信狀況和抵押資產質量來衡量是否給予貸款，而中小型企業信用評級普遍較低，並不是銀行傳統意義上的優質客戶（見圖 1-1[5]），從而難以從銀行獲得貸款，造成中小企業目前融資成本更高，獲得融資的成功率更低[7]的艱難現狀。財務報表失真、信用缺乏問題普遍存在，信息不對稱性仍是中小企

---

① 數據來源：中商情報網。
② 從 2011 年起，規模以上工業企業起點標準由原來的年主營業務收入 500 萬元提高到年主營業務收入 2,000 萬元。
③ 數據來源：全國政協十二屆三次會議新聞發言人呂新華答記者問。

融資瓶頸的主要原因[8]。另一方面，中小企業自身的財務狀況及外源融資環境也會影響其融資渠道及融資額度[9]，中小企業難以取得足夠的長期資金，因而會傾向於選擇更多的短期資金來滿足資金需求，甚至包括部分長期資金需求，從而需要頻繁償債和舉債，造成自身的財務危機，加大了到期不能償還的風險。與此同時，它們在與銀行合作時，通常缺乏議價能力[10]。國有大企業與中小企業相比，能給銀行帶來更多的存款和合作項目，因而其議價能力強於中小型企業，融資成本低於中小企業。

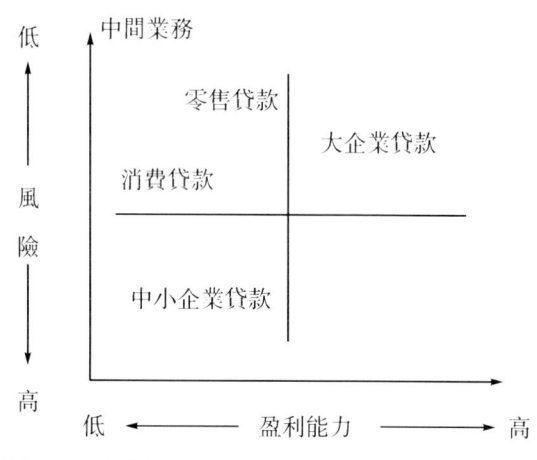

圖1-1　商業銀行各類業務風險程度和盈利能力對照

1.1.5　目前已有的解決中小企業融資問題的途徑

中小企業融資難問題一直以來是國家重點關注的問題之一，中國近年來也在此方面出抬了許多政策以破解融資難問題。2014年3月20日，中國人民銀行下發《關於開辦支小再貸款支持擴大小微企業信貸投放的通知》，正式在信貸政策支持再貸款類別下創設支小再貸款，專門用於支持金融機構擴大小微企業信貸投放，同時下達全國支小再貸款額度共500億元。這一信貸政策有利於未來中國人民銀行向小微企業發放更多貸款。2014年4月11日，財政部、商務部、工信部、科技部出抬《中小企業發展專項資金管理暫行辦法》，「專項資金綜合運用無償資助、股權投資、業務補助或獎勵、代償補償、購買服務等支持方式，採取市場化手段，引入競爭性分配辦法，鼓勵創業投資機構、擔保機構、公共服務機構等支持中小企業，充分發揮財政資金的引導和促進作用」。該辦法實際上對信用擔保機構給予了支持，鼓勵其對中小企業貸款進行擔保。2014年4月14日，財政部、國稅總局、證監會相繼出抬關於全國中小

企業股份轉讓系統（新三板）的政策。對中小企業來說，這一政策無疑為企業提供了新的融資渠道。目前中小企業融資渠道主要有以下幾種模式：

（1）自有資金籌資。

企業自有資金是指企業為進行生產經營活動所經常持有，可以自由支配使用而無須償還的那部分資金。利用企業的自有資金來籌資，成本比較低，資金可以完全由自己來支配，是企業的主要籌資手段之一。但這一方式也存在較大缺點，資金規模容易受到企業自身財務狀況的限制，對於資金實力較為雄厚的企業來說，利用自有資金籌資具有明顯優越性，但對於規模本身較小、不具備較大資金實力的中小企業來說，使用自有資金籌資便會受到很大限制。

（2）向銀行申請貸款。

中國人民銀行決定，自2015年10月24日起，下調金融機構人民幣貸款和存款基準利率（見表1-1），以進一步降低企業融資成本。

表1-1　　金融機構人民幣基準利率調整（2015年10月24日）

貸款時限	年利率	
	調整前（2015年8月26日）	調整後（2015年10月24日）
小於等於一年	4.60%	4.35%
一年至五年（含五年）	5.00%	4.75%
五年以上	5.15%	4.9%

儘管貸款基準利率下調，但中小企業並沒有享受到這一政策的福利。中國人民銀行統計顯示，大企業貸款中約有85%的企業能以基準利率貸款，但中小型企業和個人經營性貸款中能以基準利率貸到款的比例只有20%左右。一些大型國企表示，上市發債的利率在百分之三點多或四點多，融資成本不高，一些銀行甚至會追著放貸，而且利率下調較多。相較之下，小微企業向銀行貸款門檻較高、申請較難，較高的融資成本給企業經營帶來了壓力與負擔。銀行很少會對急需資金的中小企業伸出援手，它們往往等到企業融到資或項目盈利後，且有大量流動資金和儲備時，才會過來「錦上添花」。並且，向銀行貸款需要擔保，而擔保公司也需要一定形式的抵押，並且要收取保證金（15%～20%）和擔保費（2%左右），手裡欠缺抵押物的企業便難以向銀行籌資。即便能夠從銀行貸款，企業也往往要承擔較高的利率。不少公司表示，他們上千萬的銀行貸款年利率最終在8%以上，比一般製造業企業的盈利水平還高。同時也有企業反應，隨著經濟下行壓力加大，銀行普遍加強了對信貸風險的管控，這對近

幾年本就運行困難的製造業企業來說影響更大。

（3）民間資本籌資。

民間資本是指國內全部非國有投資資本和非外商投資資本。企業通過民間資本籌資不失為一種方式，但目前民間資本市場存在不規範的亂象。一方面，其與非法集資沒有明確的界線，很多該類集資處於法律灰色地帶，難以與非法集資有效區分，亟待出抬和完善法律法規以區分民間資本籌資與非法集資，亟需相關部門進一步加強監督；另一方面，高利貸也成為阻礙民間金融發展的瓶頸，還不起高利貸的個人或企業比比皆是，一些高利貸高發城市刮起一股「跑路風」，這不僅對當地經濟產生巨大衝擊，也會使當地信用體系面臨崩塌風險。在溫州，過去30多年來，「熟人社會」信用體系曾是該地中小企業籌資的主要渠道，自當地頻頻出現「跑路風」後，這個體系現在已幾近崩塌。「跑路風」可能觸發多米諾效應，致使企業、銀行壞帳及其準備金大量增加，引發擠兌風險，導致區域性經濟震盪與區域信用環境惡化，加劇企業「融資難」，提高融資成本和其他生產經營成本，進而引發中小企業大批倒閉，導致惡性循環。

（4）發行企業債券。

公開發行公司債券時要求股份有限公司的淨資產不低於人民幣3,000萬元，有限責任公司的淨資產不低於人民幣6,000萬元。根據國家發改委工作報告：「十二五」時期，牢牢抓住服務實體經濟的核心定位，注重發揮債券融資對穩增長、促改革、調結構、惠民生的引領作用，累計發行企業債券3.1萬億元，為支撐項目投資資金需求、穩定經濟增長發揮了積極作用。2015年，國家發改委核准企業債券7,166.4億元，主要用於基礎設施領域和民生領域。2016年，國家發改委將按照黨中央、國務院的部署和要求，充分發揮企業債券融資功能，在企業債券市場上進一步推進改革、推進創新、推進雙向開放，在穩增長、促改革、調結構、惠民生、防風險中發揮更大作用。一是繼續擴大企業債券發行規模，提高直接融資比重。二是進一步優化債券發行管理。三是擴大創新品種債券支持範圍和發行規模。四是完善債券市場信用體系建設。可以看出，國家在企業債券市場上不斷推進改革，完善發行債券的市場環境，所以發行企業債券不失為一種籌資途徑。

（5）發行股票。

在中國，發行股票門檻較高，擬IPO企業在創業板上市需實現3,000萬元淨利潤、在中小板主板上市需5,000萬元淨利潤（上會前一年）的審核要求基本確定，不滿足該財務指標的企業過會率會極低。監管層進一步明確該項標

準；對於最近一年創業板淨利潤 3,000 萬元以下、主板中小板淨利潤 5,000 萬元以下的擬 IPO 企業，將最大概率地實行勸退。而對於大部分企業來說，很難達到以上這些要求，所以通過發行股票來籌資難度很大，且即使成功上市，由於中國股票市場目前還很不完善，股民並非理性，上市後股價波動也會很大，致使公司資金迅速縮水，因此，依靠上市來籌集資金並非首選。

1.1.6 供應鏈金融對中小企業的意義

對上面五種融資形式進行對比，我們發現：債券、股票更適合大型企業，中小企業由於信用不足很難通過公開市場獲得融資；自有資金融資對於中小企業而言，受限於企業主的資本存量，金額難以在短期內獲得有效提高；至於民間資本融資，由於中國資本市場相對落後，民間資本融資朝向高利貸發展的趨勢並不利於中小企業的健康發展。因此，中小企業融資主要依賴於銀行，而在與銀行對接的過程中，中小企業的信用尤為重要。供應鏈金融的出現，則可以通過上下游企業的信用共享為中小企業提供額外信用。

供應鏈金融建立在供應鏈理論發展的基礎上，它強調商業銀行對產業鏈中的單個企業或者上下游多個企業提供全面的金融服務，以促進供應鏈核心企業和上下游配套企業產、供、銷鏈條的穩固與順暢運行，通過金融資本與實業經濟的資源結合，最後達到構築銀行、中小企業和物流企業互利共存、共同發展的供應鏈產業生態的目的。銀行通過對企業物流的全程監控，實現信息流和資金流的有效結合，使其在供應鏈金融的模式下，資金的安全性和拓展性得到保障。另外，供應鏈金融能有效解決企業運行過程中出現的資金沉澱問題，提高資金在整個供應鏈中的運行效益，幫助企業最大限度地實現「低成本融資」甚至「零成本融資」。「供應鏈金融」融資管理模式是銀企雙方在傳統借貸理念上的一次突破，充分發揮了供應鏈核心企業的信息優勢，降低了銀行與中小企業間的信息不對稱，解決了中小企業融資問題[11]，增強了供應鏈的核心競爭力。供應鏈金融不僅實現了整個經營鏈條的價值增值，同時帶動了金融機構的發展和創新，實現了供應鏈中核心企業、上下游企業、第三方物流企業及銀行等各參與主體的共贏局面。

供應鏈金融對於銀行、中小企業、物流企業等供應鏈中幾方都很有意義。

（1）對銀行的意義。供應鏈金融使銀行以核心企業為主的客戶結構得到改變，使銀行客戶的集中度得到降低，進而使銀行風險得到分散；銀行監管動產工作的分包，使銀行的風險得到轉移，成本得到降低，進而增加銀行的利潤；促進銀行金融產品的創新，提升銀行的競爭力。

（2）對企業的意義。融資難是中國中小企業普遍存在的問題，由於信用等級較低，中小企業很難從銀行籌集足夠資金，但以整個供應鏈作為供應鏈金融的評價，使銀行對單個企業的限制得到解除，企業的信用等級也得到提升，進而使其融資能力得到增強，促使中小企業健康可持續發展，至此，對企業的生產與流通也有一定的促進作用。核心企業可以通過供應鏈金融將其倉儲、運輸和庫存管理等環節轉移給物流公司，有利於企業更加專注於研發、生產和銷售自身產品。整個供應鏈在銀行的幫助下，能得到健康可持續發展。

（3）對物流企業的意義。通過供應鏈金融服務的提供，可以使第三方物流企業與中小企業及銀行的關係得到改善，在穩定原有客戶的基礎上開發新客戶，以提高企業的競爭力，從而增加利潤。在這種形式下，第三方物流的服務和信息化水平也隨之得到提高，進而使客戶得到更好的服務。

1.1.7 理論及現實研究意義

供應鏈金融在國外的實踐是以銀行為主導的，其初衷有益於國內的供應鏈金融。國外銀行為了維護與老顧客之間的關係，避免因全球化背景下產業結構變化導致老客戶流失而推出供應鏈金融業務，而國內銀行則為了開發新的客戶，為中小企業提供一種新的信貸模式。不管何種原因，供應鏈金融的實踐先於供應鏈理論的發展，事實上，供應鏈金融理論的發展又推進了供應鏈金融實務的拓展。因此，供應鏈金融問題的研究，更多的是基於四大參與主體：金融機構、中小企業、核心企業和第三方物流。

不論是對於銀行而言，還是對於企業而言，供應鏈金融都是其傳統流動資金貸款業務的最佳替代品。對於金融機構而言，通過供應鏈金融可以提高流動資金貸款額度，降低銀行流動資金需求水平。對於企業而言，供應鏈金融緩解了企業的融資困境，拓寬了其融資渠道，拓展了抵押物的範圍，增加了供應鏈企業融資額度。

儘管現有供應鏈模式在降低銀企之間信息不對稱方面有所創新，但仍不能完全解決中小企業融資困境問題。國內以平安銀行、中信銀行等為首的發展供應鏈金融業務的銀行僅從中小企業出發，開展存貨質押融資等業務。這些業務僅是抵質押物方面的創新和範圍的拓展，並沒有真正從供應鏈的角度思考業務開展[12]。另外，同銀行普通信貸一樣，供應鏈金融依然存在逆向選擇和道德風險。現有供應鏈金融中的擔保公司多為供應鏈之外的第三方擔保機構，外部擔保公司在解決融資擔保問題方面存在不足。首先，現有供應鏈金融在整體風險管理方面存在較多不確定因素[13]。中國擔保法制的缺失、擔保公司本身資

信狀況差、銀行與中小企業的博弈行為都會增加銀行的信用風險[14]。其次，擔保機構與銀行合作時，雙方處於嚴重的不對等地位，擔保機構成為銀行風險的轉嫁方[15]，銀行往往要求擔保機構對中小企業的貸款承擔連帶責任，因此，擔保機構通常會提高中小企業的融資擔保成本作為其風險補償。最後，由於外部擔保公司對供應鏈上中小企業主營業務不熟，對抵押物範圍以及抵押物估值過於保守，中小企業獲批額度遠遠不能滿足自身發展的需要。

總體而言，現有供應鏈金融模式在運作效率和風險管控等方面存在諸多不足，有進一步優化的空間。本書將基於現有供應鏈金融模式的不足，提出供應鏈金融創新模式，以期進一步發揮核心企業的信息優勢，提高銀企之間的信任度，為供應鏈上中小企業能夠更加快捷、低成本地獲得融資提供幫助。同時結合以瀘州老窖為核心企業的實際背景，開展了理論應用研究。

供應鏈金融中的風險問題是國內外研究持續關注的問題。隨著全球化背景下市場競爭不斷加劇和市場不確定性不斷增強，供應鏈內部複雜程度不斷提高，企業在借助供應鏈管理不斷提升運作效率與效益的同時正面臨著各種風險的挑戰，變得更加脆弱。通常認為，供應鏈風險主要包括由外部系統因素（包括宏觀因素和產業因素）所導致的斷裂風險和由供應鏈內部不確定性（也稱為企業特質）所導致的運作風險，最終都通過成員企業的違約行為得以直接體現。同時，企業間的違約又是相互關聯的[16]。而現有文獻在探究供應鏈風險時，以定性分析供應鏈外部系統因素和企業特質對供應鏈風險的影響為主，尤其關注自然災害、突發性事件等外部因素所引發的供應鏈斷裂風險，缺乏對成員企業間普遍存在的相關性對供應鏈風險的影響分析，這往往會低估供應鏈斷裂及遭受價值損失的可能性，進而低估供應鏈所面臨的風險[17]。

市場經濟發展的本質就是信用經濟。在供應鏈金融不斷發展的過程中，控製其信用風險顯得尤為重要。在銀行和企業存在著信息不對稱的情況下，銀行和企業之間的融資往往變成一種博弈行為。儘管國內各家商業銀行紛紛推出各自的供應鏈金融產品，但是國內商業銀行在供應鏈金融違約風險管理方面仍然比較落後，傳統的組織架構無法完全適應供應鏈金融違約風險管理的需要，違約風險評估的模型不完善，風險管理人員素質、觀念跟不上業務發展需要，這對於國內各家商業銀行來說無疑存在著巨大的潛在風險。如何有效評估並控製違約風險、提高利潤成為許多銀行迫在眉睫的難題。

近年來，供應鏈金融為更多中小型企業提供融資服務，給商業銀行帶來豐厚的表內外業務收益、中間業務收入及存款派生收益，從而得到迅速發展。但供應鏈金融仍存在一定的業務風險，特別是2012年以後，受宏觀經濟環境波

動、大宗商品價格持續走低等因素的影響，供應鏈金融業務領域出現了不少風險案例，使供應鏈金融產品的實際收益與預期收益發生偏差，風險管理問題不容忽視。其中，對供應鏈上企業的違約風險的識別和防範更是銀行風險管理工作的關鍵。另外，對供應鏈企業違約風險的度量對於提升供應鏈核心競爭力也是至關重要的。供應鏈上企業的違約風險最終會影響到供應鏈金融的生態。

另外，在實踐層面，供應鏈金融已經邁向了以互聯網供應鏈金融為代表的高級階段，但理論的發展沒有跟上實踐的步伐。本書將總結供應鏈金融已有研究，並基於不足對供應鏈金融創新模式及相關理論進行探討，也有利於推動供應鏈金融實踐。

1.2　相關文獻綜述

1.2.1　中小企業融資文獻綜述

1.2.1.1　中小企業融資現狀

中小企業在國民經濟發展中所占據的重要地位在學術界已經形成一致的觀點並得到各國重視，中小企業的發展對國民經濟繁榮的促進作用不可忽視（Todaro、Smith，2003[18]）。Kongolo（2010）[19]在其研究中指出，中小企業在各國經濟發展中扮演著重要的角色，是世界經濟發展的重要驅動力。截至2013年，中國私營企業已經占中國企業總數70%以上，個體工商戶和私營企業產值占國內生產總值的60%以上，從業人員和提供新增就業崗位分別占全國總量的80%和90%以上。據全國政協十二屆三次會議報告，截至2014年年末，中小微企業對GDP的貢獻超過65%，稅收貢獻占到50%以上，出口超過68%，吸收75%以上的就業人員。中小企業逐漸成為中國經濟中的「活躍劑」，並成為中國經濟增長的重要推動力量。

然而，中小企業在國計民生中的作用與其得到的資金支持極不相稱，中小企業的發展普遍受到資金不足的約束。在現有關於中小企業融資現狀的研究中，Oya（2012）[20]發現，全球中小企業借款預計達10萬億美元，但是其中70%集中在OECD（Organization for Economic Cooperation and Development，經濟合作與發展組織）國家，中小企業貸款對GDP的比率在發達國家為13%，而發展中國家僅為3%。在中國，2010年以來緊縮性貨幣政策的實施使得本來就缺乏資金的中小企業融資更加困難，進而引發了企業資金鏈斷裂，導致了以溫州為典型的地區性民間資本借貸危機。截至2011年年底，各金融機構對中小

企業貸款餘額為 21.77 萬億元，僅占到所有企業貸款餘額總數的 39.7%[①]，中小企業「融資困境」再次引發學界和業界的廣泛關注。

國內外眾多學者討論了中小企業的發展對國民經濟的影響。Cook 和 Nixson（2000）[21]的研究表明，中小企業的發展可以被視為實現更廣泛的社會目標的一種方式。Beck（2005）[22]認為，經濟的增長與中小企業的市場份額存在正相關性。Fida（2008）[23]認為，中小企業可以通過創造就業機會、提高行業競爭力以及促進經濟的整體創新等方式促進經濟發展。Asikhia（2010）[24]發現中小企業可以消除貧困。此外，McPherson（1996）[25]則驗證了中小企業的發展可以顯著提高家庭的收入。

1.2.1.2　中小企業融資障礙

儘管中小企業的發展對國民經濟的發展有重大作用，但從現有研究來看，中小企業依然面臨嚴重的資金問題。Jarunee Wonglimpiyarat（2016）[26]發現，中國政府發布的「十二五」規劃對銀行提升中小企業借款額度有促進作用，但影響各銀行信貸的程度不同，且銀行更傾向於貸款而不是風險投資。Haselip 等人（2014）[27]通過對加納和塞內加爾能源型中小企業的研究，進一步證實融資成本易負擔的融資方式的缺乏，是成立能源型中小企業和擴大其規模的主要障礙。Robert 等人（2014）[28]發現，市場力越強，中小企業融資限制越大。

為了解決中小企業的融資困境，很多學者都對中小企業融資的影響因素進行了研究。Berger、Udell（1998）[29]和 Galindo、Schiantarelli（2003）[30]指出，無論是在發達國家還是在發展中國家，中小企業獲得外部融資比大型企業更加困難。資金問題已成為中小企業發展的瓶頸，限制了其運作與發展。大多數學者認為，信息不對稱可能是導致中小企業融資難的關鍵因素（Beck 等，2005[22]；Abdullah 和 Manan，2011[31]）。Stiglitz、Weiss（1981）[32]通過構建中小企業融資的框架得出信息不對稱是中小企業融資難的現實根源。但與此同時，Eniola、Entebang（2015）[33]發現，較少的銀行貸款發放、地理因素、公眾基金的標準化程度低都會影響中小企業成功融資的可能性。

在實證研究方面，Graham、Harvey（2001）[7]認為，由於信息不對稱，中小企業比大企業有更高的交易成本。Degryse、Cayseele（2000）[34]和 Berger、Udell（2006）[35]認為，與商業銀行保持長期以及多渠道的溝通將緩解中小企業和商業銀行之間的信息不對稱，有助於降低中小企業的融資成本。Boot、Thakor(2000)[36]，Berkowitz、White(2004)[37]以及 Jappelli、Pagano（2005）[38]

---

① 中國人民銀行《2011 年金融機構貸款投向統計報告》。

等人認為市場、法律和司法環境是導致中小企業融資困難的三個宏觀因素。還有一些學者認為，將中小企業放在供應鏈中能夠解決信息不對稱問題，能夠有效緩解融資困境（Fisman、Love，2003[39]；Burkart、Ellingsen，2004[40]；Buzacott、Zhang，2004[41]）。

1.2.1.3 中小企業融資難的破解

為了破解中小企業融資難問題，學者從多方面提出了相應的建議。Jialan（2012）[42]提出，目前制約中小企業發展的問題是融資難，而產業集群在緩解中小企業融資困境方面具有獨特優勢。Raghavan、Mishra（2011）[43]則發現，在由製造商、零售商和貸款人構成的供應鏈中，當資金緊張時，貸款人在為製造商融資時也有為零售商融資的意願，並且通過數值模擬得出對製造商和零售商貸款的聯合決策無論是對貸款人還是兩方企業來說，都比單獨向兩方企業貸款更有益。Ramona（2014）[44]則發現，對於剛建立的企業而言，天使投資、風投基金、政府支持計劃和種子基金比銀行貸款選擇餘地更多，而其他促進中小企業融資的公共工具包括直接貸款、小微貸款、出口保證合約和以共同出資或稅收抵免的方式支持風險資本等。

從上述文獻中我們發現，供應鏈金融是解決中小企業融資難的一大主要途徑，但是供應鏈金融在實際應用中也存在一些局限性。屈文燕（2011）[45]研究供應鏈金融在河南省的應用中，發現企業對供應鏈金融認識不足、對非供應鏈上的企業存在擠出效應等問題。謝黎旭（2011）[46]則發現，供應鏈中合作企業間以及銀行對供應鏈企業缺乏信任。

縱觀國內外的研究成果，任文超（1998）[47]等人提出物資銀行的設想，在其設想中，將以銀行不動產為主的信貸模式轉變為不動產貸款和動產質押貸款相結合的信貸模式。2000年，朱道立教授[48,49]在主持廣東順德物流基地項目時，首次提出「融通倉」概念，並組織開展相關理論研究。Allen（2004）[50]等人最早提出了關於供應鏈金融融資的一些新的設想及框架，初步提出了供應鏈金融的概念。郭濤（2005）[51]詳細論述了應收帳款融資的原理和優勢。David（2005）[52]對供應鏈金融發展的新趨勢進行了預測。Guillen（2006）[53]等人研究了集生產和企業融資計劃於一體的短期供應鏈管理，提出合理的管理模式能夠有效促進企業的運作和資金的流通，防止資金沉澱的發生，從而提升企業的整體效益的結論。閏俊宏（2007）[54]從供應鏈的角度來研究中小企業融資難的問題，並且主要針對供應鏈中中小企業的營運資本管理模式，運用供應鏈金融的核心理念，系統地分析了供應鏈金融相關理論及三種融資模式，從而揭示供應鏈金融的特徵及優勢，並對其信用風險進行評估和管理研究。

1.2.2 供應鏈金融文獻綜述

1.2.2.1 供應鏈金融理論研究

國外對供應鏈金融問題的研究開展得比較早。從 20 世紀 40 年代開始，Koch（1948）[55]、Burman（1948）[56] 就開始對物流金融相關業務的範圍、模式、監管等進行總結。Dunham（1949）[57]、Eisenstadt（1966）[58] 分別給出了基於庫存和應收帳款進行融資的經濟模型、操作方法和監控流程。Stiglitz（1981）[32] 從信息不對稱這一基本假設出發，分析信貸市場的均衡和經濟效率。此後，研究視角開始逐步轉入到供應鏈上來，Stantomero（2000）[59] 從價值增加的仲介理論出發，認為金融服務仲介與供應鏈結合是價值增加的複合途徑，提出了供應鏈金融是未來發展的一個方向。Allen、Udell（2006）[35] 等最先提出了「供應鏈金融」這一概念的設想，是用於解決中小企業融資問題的新思路。Klapper（2004）[60] 專門探討存貨融資模式的作用機理。Guillen、Badell（2006）[61] 討論了適當的供應鏈金融模式有利於企業的資金流轉和營運狀況，有利於提升企業的總體利潤。Wellner、Huyck（2007）[62] 把供應鏈的融資與結算成本當作是供應鏈金融的核心，提出了對供應鏈成本流程進行優化的方案設想。Lamoureux（2008）[63] 的研究表明，供應鏈金融是一種對資金與成本進行系統優化的過程，該過程包含了嵌入成本分析與各類融資手段的管理模式。Pfohl、Gomm（2009）[64] 認為，來自上下游的信息越全面，供應鏈的融資成本和風險就越低，並基於該思想構建了說明上下游融資活動的數學模型。Hall、Saygin（2012）[65] 則把供應鏈不確定性描述為供應鏈風險，認為供應鏈不確定性的來源是全球化、專業化和外包，而上下游信息共享能夠減弱該風險。Wuttke 等人[66]（2013）認為，許多物流公司採取了供應鏈金融方式後，公司業績得到明顯提升。不同於普通的著力於提升產品競爭力和信息搜集能力的公司創新，供應裡金融著力於資金流管理。

Wuttke 等人（2013）[67] 指出，供應鏈金融管理適用於營運資本比較弱的公司，該管理有兩種應用：「裝船前融資」（在發票發放前）和「裝船後融資」（在發票發放後），在考慮交易成本時，供應鏈金融管理增強了供應鏈企業中的營運資本實力。

在國內研究方面，於洋和馮耕中（2003）[69]、楊紹輝（2005）[70] 基於商業銀行的角度給出了「供應鏈金融」的定義。閆俊宏和許祥秦（2007）[71] 從供應鏈金融的概念和特性出發，提出了三種融資模式，並進行比較分析，對中小企業基於供應鏈金融的潛在優勢進行了討論，為解決中國中小企業融資難問題

提供了一個新的途徑。楊晏忠（2007）[72]對於供應鏈金融中將會出現的風險，通過風險識別、風險衡量、風險控製和風險處理的步驟，建立了一個全面的風險管理體系，使商業銀行供應鏈金融所面臨的風險減弱到最低，從而提高商業銀行的經營效率。譚敏（2008）[73]提出，在國際市場上，供應鏈金融的發展相對成熟，企業通過供應鏈金融加快了資金流動速度，提升了供應鏈競爭實力。中國商業銀行也應借鑑國外的經驗，大力發展供應鏈金融，創建基於中國國情的供應鏈金融市場。熊熊、馬佳等（2009）[74]利用 Logistic 迴歸，比較中小企業在供應鏈金融與傳統銀行信貸服務下對於守約和違約的不同選擇，說明供應鏈金融可以緩解中小企業資金需求。劉梅生（2009）[75]從機制出發，說明供應鏈金融能降低銀企信息不對稱的現象，在此基礎上延伸了抵押品的內涵。杜瑞、把劍群（2010）[76]分析了中國商業銀行通過向供應鏈各個環節提供融資支持，促進了中小企業發展和貿易復甦，為中國經濟擺脫金融危機負面影響起到了積極的作用。夏泰鳳等人（2011）[77]從銀企信貸動態博弈模型出發，指出降低銀行和企業之間的交易成本並且實施有效的動產質押是解決中小企業融資難的有效途徑，同時指出供應鏈金融有效地降低了銀企之間的信息不對稱，在解決中小企業融資難問題上具有巨大優勢。謝泗薪（2012）[78]認為，供應鏈金融實現了物流、信息流和資金流的三流合一，更好地促進了企業間的信息溝通，借助核心企業的良好信譽和第三方物流企業的專業監管能力，銀行的抗風險能力增強。蔣樂琴（2014）[79]認為，供應鏈金融是一種新型的金融服務業務，金融機構、核心企業、中小企業、物流企業等相關參與方通過信息共享和流程控製等方法來對供應鏈上的所有資源，包括資金流、信息流以及物流等進行重組，由銀行對各參與主體提供全方位的金融服務。

1.2.2.2 供應鏈金融應用研究

對於供應鏈金融模式在實際中的應用，現有文獻主要集中在農業、製造業等行業，而在金融服務等行業中成果較少。隨著現代農業的發展，上下游企業之間聯繫的緊密性為供應鏈金融的應用創造了條件。鄒武平（2010）[80]探討了供應鏈金融在廣西蔗糖產業中的應用模式，認為供應鏈金融在融資方面具有重要價值。羅元輝（2011）[81]進一步闡述了供應鏈金融在農業產業鏈融資創新中的重要性。胡國暉（2013）[82]結合現有實踐，對農業供應鏈金融的具體運作模式進行了探討，並從博弈論的視角探究了農業供應鏈金融各參與方的收益分配機制。但供應鏈金融在運用中也存在不足。鄭穎（2013）[83]以木材加工業為例，研究了供應鏈金融在運用過程中可能存在的風險，並重點分析了風險的構成與來源。在供應鏈上下游企業之間的信息溝通方面，李曉瑩（2014）[84]以農

產品行業為例，提出了供應鏈金融在實際操作中會出現資金供求不對稱的問題。

供應鏈金融在製造業應用方面的研究成果同樣豐盛。以汽車行業為例，汽車供應鏈金融有其個性化、專業化的綜合金融配套服務，其發展可以有效利用核心企業的制約力，提高汽車行業的生產流通效率，提升供應鏈各環節的資金使用率，實現應收帳款的變現。同時，還可以緩解製造商、經銷商之間的矛盾，有力提升汽車行業的整體競爭力並推動其快速發展。與供應鏈金融在農業方面的應用一樣，其在製造業中的應用同樣面臨風險問題。黃斯瑤（2010）[85]分析了汽車經銷商的融資信貸過程中銀行、經銷商、生產商的三方利益，指出在控製鏈條融資風險方面，供應鏈上下游企業應當積極構建穩定而真實的交易關係，注重自身交易記錄和信用記錄的建設，並借力核心企業的幫助，來提升自身的信用水平。對於風險的控製與管理，劉暢（2013）[86]提出，在汽車供應鏈金融中的每個節點都應建立起相對應的信息平臺，以便減少信息傳遞中的缺失和失誤以及信息的不對稱等問題，降低風險發生的可能性。

在木材行業中，供應鏈金融也有著不可忽視的應用。木材加工業是中國傳統產業，中國在已是世界最大木材加工、生產基地和最主要的木製品加工出口大國。近年來，木材加工業發展較快，其增長速度已大幅超過工業平均增長速度。木材加工業供應鏈由四部分組成——資源供應商、加工企業、銷售商和用戶。一些學者針對林業類中小企業融資難的問題也相應地提出瞭解決對策。胡明超（2006）[87]以沭陽縣木材加工產業集群為例，對產業集群中小企業的融資優勢進行了分析，認為產業集群所形成的獨特產業環境降低了銀行的放貸風險；集群融資的規模效應增加了銀行的收益，帶動了集群企業的持續融資。鄭穎（2013）[88]指出，中國木材行業存在著交叉性、動態性、複雜性和風險性等特點，因此作為木材加工業供應鏈金融中的企業，應當選擇優秀的合作夥伴，以契約為紐帶，加強對供應鏈金融上下游企業的控制和優化供應鏈結構。木材加工業供應鏈金融存在著不可小覷的風險，該行業供應鏈金融風險包括操作風險、質押物或質權風險、企業信用風險、供應鏈風險以及宏觀經濟與行業風險[89]，這些風險的來源主要是核心企業、中小企業、第三方物流和商業銀行。實踐中，可設置集中操作後臺、對質押物和質權慎重選擇以及提高上下游企業間信息共享程度等措施來減少這些風險。肖慧娟等（2010）[90]認為，由於中國林業中小企業普遍規模較小、管理制度不健全、企業經營信息不透明以及銀行信息搜索成本過高，導致在林業企業貸款中，林業企業處於信息優勢，而銀行處於信息劣勢。鄭穎和楊建洲（2013）[91]提出，木材加工企業中大部分存貨適

合作為供應鏈金融的質押物,該類企業的供應鏈金融質押物存在選擇風險,其風險主要分為質物形態風險和銷售風險。當然,也可通過一些措施避免該類風險,如提高對質押物的要求、合理評估質押物價值以及設定合理的質押率。

總體而言,供應鏈金融在實際運用中能夠增加上下游企業的價值,提高資金使用效率,但同時仍然存在不可避免的風險隱患。銀行在開展供應鏈金融業務的過程中,應建立相應的風險控制機制,而根據企業風險暴露程度給出授信額度是風險控制的有效方式。

1.2.2.3 供應鏈金融風險研究

在參與方共同推動下,供應鏈金融向各行業不斷滲透,其環節日趨完善。但與此同時,作為一項金融創新,與其相伴而生的新風險也引起了廣泛關注。就風險來源而言,於宏新(2010)[92]指出,整體上供應鏈金融風險主要包括核心企業的信用風險、供應鏈上中小企業的財務風險、銀行內部的操作風險、物流企業倉單質押風險以及供應鏈各企業間的信息傳遞風險。就如何對供應鏈金融風險進行初步分類,國內外有學者運用定量或定性的方法做了嘗試。Barsky(2005)[93]基於風險過程控制理念建立了供應鏈金融融資風險分析的概念模型,在模型中把融資風險分為融資過程風險、信息技術風險、人力資源風險、環境風險和基本結構風險等五類。畢家新(2010)[94]則指出,供應鏈金融自身風險包括供應鏈風險的自發擴散性、參與者眾多的內生混亂和不確定性兩個方面。李毅學(2011)[95]通過構建融資風險評估體系表,將供應鏈金融風險分為系統風險和非系統風險,前者包括宏觀與行業系統風險和供應鏈系統風險,後者主要由信用風險、擔保物存貨變現風險和操作風險構成。由於各參與方在供應鏈金融中扮演的角色不同,國內外學者站在不同的角度進行了風險分析。對於金融機構,Duffie和Singleton(2009)[96]把其面臨的風險主要分成市場風險、信用風險、流動性風險、操作風險和系統性風險等幾類;張濤、張亞南(2012)[97]從商業銀行的角度給出供應鏈金融風險的定義,將其劃分為物流風險、資金流風險和信息流風險,並指出這三種風險相互聯繫並相互影響。從企業角度,謝江林(2008)[98]嘗試用數據挖掘技術來分析具有還款風險的經銷商特性,並針對不同經銷商制定不同的金融政策來控制和規避金融風險。文慧等人(2015)[99]站在中小企業的角度,根據融資需求的特點,指出其所處不同階段時採取不同的融資模式將導致面臨不同的風險,先後有採購階段的預付款融資風險、營運階段的動產質押風險以及銷售階段的應收帳款風險。當各方共同參與時,王靈彬(2006)[100]指出供應鏈融資面臨多種信貸風險,並針對信息共享機制對信貸風險的影響,提出相應的供應鏈融資風險應對策略。彎紅地

（2008）[101]認為，信息不對稱會導致供應鏈金融風險的產生，並由此引發企業的「道德風險」，供應鏈金融的風險規避機制有可能失靈，所以銀企間應建立新型的合作關係。

進一步地，國內外學者結合行業特點細化供應鏈金融在各類企業中的風險並構建評價體系。Coulter 與 Onumal（2002）[102]分析了農產品倉單質押的作用，並對倉單質押貸款的風險防範以及操作流程進行了探討。曾妮妮等（2015）[103]針對農產品供應鏈金融的特點，從行業風險、中小企業信用風險、農戶風險和供應鏈金融運作風險四個方面構建農產品供應鏈金融風險的科學評價體系。楊樹帥（2015）[104]考慮了煤炭行業大中小型企業的融資需求，對山西煤炭供應鏈金融進行分析，指出其風險主要包括宏觀與行業系統風險、供應鏈系統風險、信用風險及操作風險。

對供應鏈金融風險的監測預警研究主要集中在風險監測或評價方法和風險模型應用兩個方面。馬冬雪、趙一飛（2011）[105]把供應鏈業務風險分為自身風險、銀行風險、出質人風險、質物風險和環境風險五類，並嘗試採用模糊聚類分析法對這些風險進行評價。易君麗、龐燕（2012）[106]針對供應鏈金融中農產品特殊屬性，運用 AHP 建立風險評價模型，認為 AHP 較好地解決了供應鏈金融諸多風險因素間的高複雜性和指標間的多重相關性難題。

有關供應鏈金融風險防控研究，主要集中在對某一類或幾類風險的階段性防範或從政策層面提出防控的建議等方面。國外學者研究指出，物流金融業務中的存貨價值評估和實施監管是風險管理的重點，並提出了包括定期監控報告（每日或每周）、審計存貨及相關資產與相關仲介合作等監控措施。Parlar 和 Weng（2003）[107]嘗試在庫存管理中考慮風險問題，用期望效用作為庫存優化的目標。Chen（2003）[108]用實物期權來進一步協調供應鏈庫存管理。Berling 和 Rosling（2005）[109]研究了金融風險對庫存策略的影響問題。Cotoh 和 Takano（2007）[110]採用 CVaR 衡量報童問題風險，從而對原庫存優化策略加以補充。Barsky 和 Catanach（2005）[93]認為物流金融融資比較複雜，實踐中應轉變傳統的以主體准入為基礎的風險控制理念，強調風險過程控制管理。Tsai（2008[111]、2011[112]）的系列研究中用具體企業中與供應鏈有關的現金流風險構造一個模型，建議採用以應收帳款為標的來發行資產支持證券的方法，縮短現金轉換週期，降低現金流風險。Lavastre 等人（2012）[113]認為供應鏈金融風險管理對於商業運作有著不可忽視的作用，供應鏈風險的來源有過程、管理層監控、供需狀況以及環境。Heckmann 等人（2015）[114]指出供應鏈金融的高頻度推廣及其帶來的愈來愈多嚴峻後果使得人們越來越關注供應鏈金融風險管

理，該文結合相關領域對風險的定義、術語和方法來研究如何量化供應鏈金融風險度量並對其進行監控、管理。

國內研究主要偏向於定性描述或宏觀建議。劉士寧（2007）[115]認為物流企業與銀行應加大合作，在健全市場信息體系、明確權責、規範操作等方面防範風險。尹海丹（2009）[116]提出針對不同供應鏈業務模式下的風險點來控製操作風險。陳嬌（2010）[117]從第三方物流企業的角度識別出其面臨的管理風險、評估風險、監管風險、合同風險、質押物風險、客戶資信風險和環境風險，並提出了這七類風險的防控策略方向，但沒有展開具體深入分析。李娟等人（2010）[118]指出，將訂單質押、合約和階段融資結合起來求出完全信息下的最優解，以加強訂單融資業務風險管理。王波（2011）[119]針對應收帳款質押融資模式的相關風險因素，提出防範信息風險、信用風險、市場風險、法律風險和操作風險的對策建議。劉曉曙（2012）[120]借鑑國外先進銀行的經驗，認為市場風險管理最主要甚至是唯一的手段是建立風險限額體系，實行限額監控和超限額處理。俞特（2012）[121]也在相關研究基礎上提出了質押物選取控製、供應鏈節點信用風險防範、契約與經營法律風險規避、加強信息化建設等供應鏈金融風險防範措施。陳樹宏、羅增龍（2012）[122]則站在農發行的角度，提出從決策系統、實施系統和監督系統來建立銀行風險防控體系的框架。顧振偉（2012）[123]提出商業銀行在不同風險下應該採取的風險控製措施。牛曉健等人（2012）[124]通過 CreditMetric 模型，對存在的風險進行了分析測量，並測試了風險程度。白世貞（2013）[125]建立了風險指標體系和風險評估模型。姜超峰（2015）[126]認為應該正確建立大數據的概念並充分發揮網路優勢，構建供應鏈網路金融體系，及時發現風險隱患。王婷（2015）[127]認為，由於在供應鏈金融業務中，銀行是貸款提供方，需要實時監控企業的經營狀況、信用狀況和產品市場銷售情況，如果風險防控措施沒落地，就會面臨資金可能不能回籠的風險。除定性研究外，國內學者在金融風險防控方面的定量研究也取得了一定進展。黃靜、趙慶禎（2009）[128]通過貝葉斯法來預測貸款企業的風險，為銀行等金融機構針對不同的客戶定制各異的授信政策提供科學、客觀的依據。熊熊、馬佳（2009）[74]改變傳統信貸多採用的信用評級模式，創新設計評價指標體系，將主體評級和債項評級進行有機結合，直接利用 Logistic 迴歸進行信用評價，使評價結果的客觀性得以提高。章橋新等人（2015）[129]通過對銀行的授信審批情況進行實地調研，結合層次分析法和模糊評價理論，構建實用風險評價模型。

1.3 研究思路與結構

本書主要從中小企業融資現狀調研分析入手，首先以成都市科技型中小企業的實際數據為樣本，深入分析了中小企業融資障礙的影響因素；其次對解決中小企業融資渠道之一的供應鏈金融的優越性和特點進行分析，剖析了供應鏈金融模式下銀行的信貸機制問題；接著就目前供應鏈金融理論上的不足，並結合供應鏈金融實際操作背景提煉出供應鏈金融創新模式；再者考慮了供應鏈系統下的信用風險度量問題；最後基於供應鏈金融創新模式及信用風險考量提出了供應鏈金融生態理論。具體而言，本書的研究內容主要分為以下幾個部分：

第一部分為中小企業融資現狀調研分析。在這一部分中，我們先立足於中小企業現狀，首先從理論上深入分析了影響中小企業融資的障礙因素，通過設計調查問卷對成都市科技型中小企業融資現狀進行分析，運用描述性統計和相關性分析對影響科技型中小企業融資額的因素進行考察；其次利用逐步線性迴歸預測科技型中小企業未來可融資額程度；最後利用相關係數法對影響科技型中小企業融資渠道的因素進行分析。研究發現，影響科技型中小企業融資額及融資渠道的主要因素是企業財務狀況和外源融資。要想提高科技型中小企業的融資能力，必須從提高企業自身素質、完善金融市場融資體系和引導企業選擇合適的融資渠道三方面著手。

第二部分為供應鏈金融理論基礎研究。在該部分，我們首先對供應鏈金融發展現狀進行分析，其次對供應鏈背景下的銀行信貸機制進行了研究。具體研究內容為：首先闡述了供應鏈金融在解決中小企業融資問題方面的優越性，並以幾個銀行為例，簡述其供應鏈金融業務的發展現狀及現行主要模式；其次通過建立三方博弈模型，闡述了如何解決中小企業與商業銀行之間信息不對稱的問題。基於完全信息與非完全信息下模型的靜態均衡分析，得出四個結論：第一，降低中小企業的貸款需求將提高整個供應鏈的價值；第二，具有良好信譽的中小企業參與供應鏈可以提高供應鏈上其他企業的收入；第三，供應鏈上核心企業有助於緩解中小企業和商業銀行之間的信息不對稱；第四，商業銀行可以通過利率政策來確定中小企業的類型。研究得出的結論，一方面有助於解釋一些典型的經濟現象以及支持主流的實證結果，另一方面也可以為解決中小企業融資問題提供政策建議。

第三部分為供應鏈金融創新模式的提出。在這一部分中，我們主要從目前

供應鏈金融現狀的不足出發，提出供應鏈金融創新模式，並對創新模式下的銀行風險提出管控方法。具體研究內容如下：首先主要針對現有供應鏈金融模式在運作效率、信息溝通以及風險控製等方面的不足，提出中小企業供應鏈金融創新模式，並從關係的接近性、信息的對稱性、信任的補償性和信用風險的可控性四個層面對創新模式進行遞進式論證；其次以瀘州老窖集團為例，比較分析了創新模式與現有模式在抵押物範圍、融資額度以及融資成本等方面的差別，從而驗證了創新模式的融資優勢。然而在供應鏈創新模式下，銀行如何管控風險呢？我們因此構建了中小企業供應鏈金融授信額度理論模型，該模型考慮了無供應鏈背景下的授信額度、核心企業的增信額度以及抵質押物範圍擴大而增加的額度三方面。在實證檢驗方面，我們以白酒供應鏈上核心企業及其上下游中小企業為樣本進行分析，得到銀行對該供應鏈上中小企業授信不足的結論。

第四部分為供應鏈違約風險度量研究。在該部分的研究中，我們首先對供應鏈中的核心企業的信用風險進行研究。事實上，核心企業一般是某個企業集團的子公司。因此，研究企業集團的信用風險是必要的。企業集團是一個複雜的系統，它的信用風險比單個公司更難預測。我們首先基於企業集團內部相互作用以及信用風險的角度，提出一個全新的複雜動態模型。基於此模型的仿真結果表明，即使企業集團的內部作用很簡單，子公司的動態決策過程也會導致企業集團產生信用風險。其次，我們把視野擴展到整個供應鏈，每個供應鏈或產業鏈都是由核心企業和眾多中小企業構成的。事實上，在供應鏈中的上下游，由於交易形成了千絲萬縷的聯繫。因此，關於供應鏈企業的違約風險度量，我們主要從傳染違約的角度來看。我們從信用風險的產生源頭出發，將供應鏈企業信用風險分為自發信用風險和傳染信用風險兩部分。首先在構建供應鏈企業信用風險指標體系的基礎上，利用 G-ANP 方法對其自發信用風險進行度量；其次基於企業之間的關聯性構造了 RNM，並在自發信用風險度量的基礎上，進一步結合矩陣分析的思想刻畫了信用風險的傳染路徑及傳染效應；最後，我們以瀘州老窖所在的白酒供應鏈為例，對提出的供應鏈企業信用風險模型進行了實證分析，展示了模型的應用過程。

第五部分為供應鏈金融生態理論的提出。在上述供應鏈金融創新模式構建以及供應鏈金融風險度量的基礎上，我們提出了供應鏈金融生態圈的構想。我們綜合考慮了理論研究和實證分析的結果，大膽地設計了供應鏈金融生態圈。在供應鏈金融圈中，核心企業所在的企業集團立足於供應鏈，為供應鏈中小企業提供各項金融服務。在該願景下，供應鏈企業齊心協力，努力提升供應鏈核心競爭力。

圖 1-2 是本書的技術路線圖。

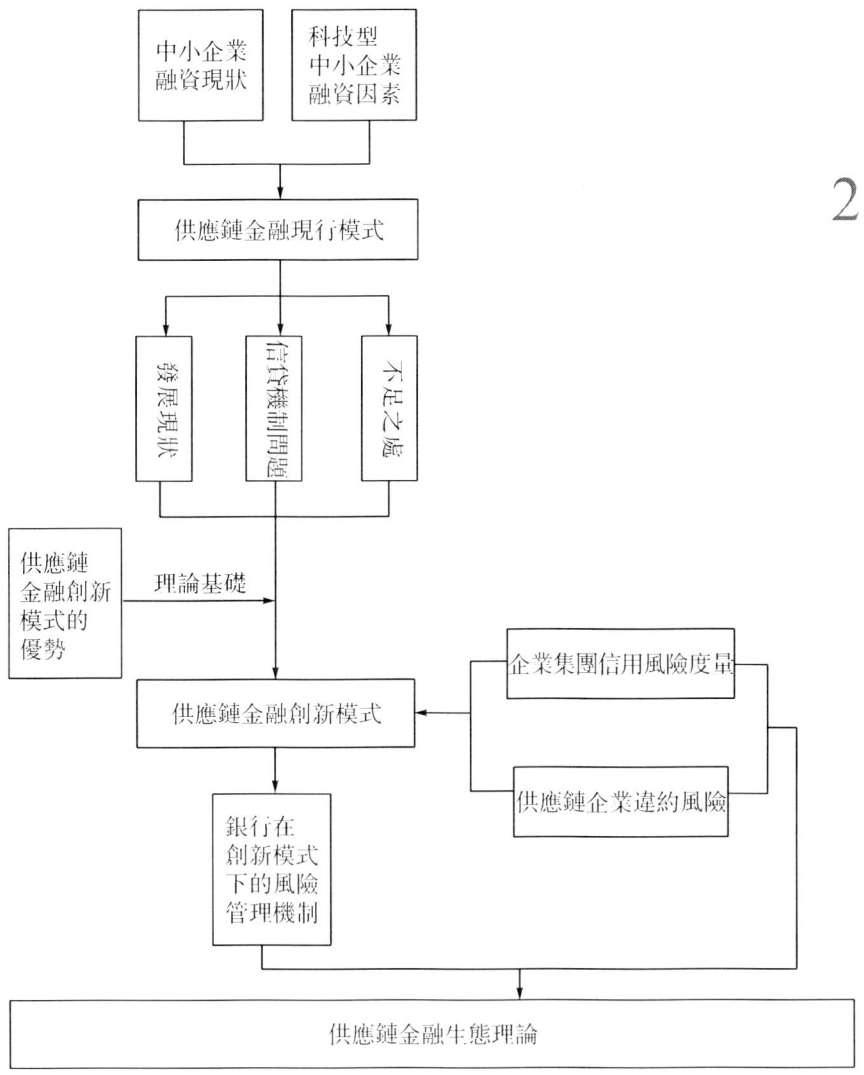

圖 1-2　本書的技術路線圖

1.4 創新之處

本書的創新之處在於：

第一，通過建立三方博弈模型分析了供應鏈金融融資機制，基於博弈模型的靜態分析，得到了對本書具有支撐性的結論，即核心企業能夠緩解中小企業與商業銀行之間的信息不對稱問題。

第二，基於現有供應鏈金融模式的不足，在管理學觀點支撐下提出了供應鏈金融創新模式，並給出了該模式下銀行的風險管控方法。

第三，考慮到供應鏈系統內部信用風險的複雜性，將供應鏈系統內企業分為橫向與縱向分別進行度量。從橫向來看，把核心企業放在企業集團內部進行研究；從縱向來看，把核心企業放在供應鏈中進行研究。這樣有助於厘清供應鏈系統整體信用風險，並量化信用風險。

第四，基於前面的供應鏈金融創新模式分析及供應鏈系統信用風險度量，我們提出了供應鏈金融生態圈的設想。

第五，本書是理論與實踐相結合的結果，全書貫穿了白酒行業及瀘州老窖的案例分析，充分體現了產融結合的特色，樹立了白酒產業與供應鏈金融完美結合的新典範。

2　中小企業融資現狀調研分析

長期以來，中小企業融資難一直是中國經濟增長過程中的一大問題。尤其是在 2008 年金融危機爆發以後，全球經濟增長缺乏活力，中國銀行信貸資金不斷收緊，進一步增加了中小企業融資的難度。

2.1　中小企業融資現狀

2.1.1　中小企業融資面臨的困境

中小企業作為中國經濟增長的活力之源，在國民經濟中一直發揮著十分重要的作用。業內普遍將中小企業的作用歸結為「五六七八九」，即貢獻 50% 以上的稅收，60% 以上的 GDP，70% 以上的產品創新，80% 以上的就業，90% 的企業數量，其發展關係著整個國民經濟的狀況。截至 2015 年年末，全國中小企業已超過 2,000 萬家，全國規模以上中小工業企業占規模以上工業企業數量的 97.4%，實現稅收 2.5 萬億元，占規模以上工業企業稅收總額的 49.2%，中小企業提供 80% 以上的城鎮就業崗位[1]。然而，其巨大的貢獻度卻無法保證其融資更加便捷，反而使融資更加困難。表 2-1 是我們統計的近年來中小企業融資狀況的分類，可以瞭解中小企業的融資現狀[2]。

2.1.1.1　中小企業貿易融資對象集中，外源性貿易融資較少

中小企業通常是由單個人或少數人集資組成的，在經營上多半由業主直接管理，較少受外界干涉。此種特性決定了中小企業貿易融資資本主要來自企業經營者的投資或通過股權等集以及企業自身經營過程的累積，而這些內源性資

---

[1] 數據來源：新浪財經。
[2] 數據來源：中國人民銀行《金融機構貸款投向統計報告》。

本很難維持企業的長遠發展，尤其是新興科技的中小企業。2014年年初，中國人民銀行的統計表明，目前主要金融機構中小企業貸款（含票據貼現）餘額為14.1萬億元，同比增長31.8%，比上年末提高18.3個百分點。中小企業貸款餘額占企業貸款餘額的比例為54.6%，比上年末提高0.9個百分點。其中，小企業貸款餘額占企業貸款餘額的比例為21.6%，比上年末提高0.2個百分點。但中小企業貸款額度的增速仍無法滿足其日益增長的貸款需求。2015年統計數據顯示，60%以上的中小企業都將貸款作為獲得融資的主要途徑，而市場提供給中小企業的融資數額極其有限，99%的中小企業只獲得融資需求20%的貸款額。另據調查，中國半數以上的中小企業很難獲得三年或三年以上的中長期貸款，資金貧乏嚴重阻礙了這些中小企業的生存及發展。

2.1.1.2 融資方式單一，准入門檻過高，融資缺口較大

目前中國商業銀行對中小企業融資的方式主要有流動資金貸款和貿易融資。由於國內的商業銀行對貿易融資這一業務認識不夠、管理粗放，對象又是中小企業，導致審批環節複雜、辦理手續極為麻煩，使得中小企業貿易融資困難重重。

與此同時，伴隨國際貿易規模和地域範圍的擴大，貿易方式也在不斷創新，表現得更加複雜和多樣，這要求更多貿易融資方式與之相適應，而目前可供中國中小企業選擇的貿易融資方式比較單一，准入門檻過高，融資缺口較大。以2012—2015年中國中小企業貿易融資中的銀行貸款數據為例，2012—2015年間，銀行對中小企業（尤其是小微企業）貸款的投放有了一定程度的增加，信貸規模也開始相對擴大，一定程度上緩解了中小企業在商品貿易流通中的融資和支付需求矛盾。但與中國中小外貿企業對國民經濟的貢獻度相比，其融資現狀並不能滿足各中小外貿企業的融資需求，融資供需矛盾較大，融資現狀與貢獻度尚不匹配。據報告顯示，在當前中國出口企業分佈中，數量約占4成的中小外貿企業占據了中國20%以上的出口份額。2013年，中國有出口記錄的中小外貿企業（特指年出口規模在100萬~2,000萬美元之間）同樣扮演著主力軍的角色。2013年有出口記錄的中小外貿企業不減反增，較2012年增加4,000家至11.1萬家，占全部出口企業數量的48.1%；合計出口規模提升242億美元至5,207億美元，占同期中國出口規模的23.7%；平均出口規模為468.9萬美元，略高出2012年的463.9萬美元[①]。

2.1.1.3 中小企業新入者使貿易融資需求增長

截至2012年年底，在從事跨國投資和經營的3萬多家企業中，中小企業

---

① 數據來源：2014年高成長性中小企業出口報告。

占到80%以上。從產值貢獻來看，截至2014年年底，中小企業最終產品和服務的價值對GDP的貢獻超過60%，對稅收的貢獻超過50%，提供近70%的進出口貿易額，創造了80%左右的城鎮就業崗位，2016年，中小企業實現增加值約為4,279.34億元，佔全部企業增加值的68.4%，中小企業憑藉自身生產成本和產品價格優勢不斷增加在中國對外貿易中的份額，成為中國對外貿易出口增長的生力軍，其對促進中國貿易收支平衡、保持貿易順差起到了不可估量的作用，是未來中國經濟發展的重要力量。但由於中小企業准入門檻較低，每年都會有較多的新進入者。據工業和信息化部中小企業司資料顯示，2013年上半年，全國新登記註冊企業106.47萬戶，其中私營企業登記註冊98.53萬戶。截至2014年年底，中國在工商部門註冊的中小企業已達1,023萬戶，中小企業佔中國企業總數的99%以上，2015年年末，全國工商登記中小企業超過2,000萬家，個體工商戶超過5,400萬戶，這意味著中小企業對貿易融資的需求將呈現增長態勢。

2.1.1.4 經營狀況堪憂，融資成本升高

由於中小企業自身存在信息不透明、資產抵押價值偏低、擔保手續過於複雜且費用高昂等劣勢，加上經濟新常態下勞動力成本上升，企業獲利能力減弱等因素，部分企業經營狀況惡化，中小企業在借款時無法獲得與國有大中型企業一樣的待遇，反而需要比國有大中型企業支出更多的浮動利息和擔保費來保證借款的按時償還。許多中小企業不得不轉向融資成本更高的民間借貸，民間借貸的利率根據供需原則不斷地上漲。

表2-1　　　　2010—2015年中小企業融資情況一覽

年份	年末,金融機構人民幣各項貸款餘額/萬億元	年末,金融機構本外幣企業及其他部門貸款餘額/萬億元	年末,主要金融機構及農村合作金融機構、城市信用社和外資銀行中小企業貸款(含票據貼現)餘額/萬億元	年末,金融機構小(微)企業貸款(含票據貼現)餘額/萬億元	年末小(微)企業貸款(含票據貼現)變動
2010	47.32	—	17.68	7.55	同比增長29.3%，比大型企業貸款增速高16.0個百分點
2011	54.79	43.48	21.77	10.76	同比增長25.8%，比上年末下降3.9個百分點
2012	62.99	49.78	—	11.58	同比增加1.64萬億元，佔同期全部企業貸款增量34.6%，比前三季度佔比低0.4個百分點

表2-1(續)

年份	年末,金融機構人民幣各項貸款餘額/萬億元	年末,金融機構本外幣企業及其他部門貸款餘額/萬億元	年末,主要金融機構及農村合作金融機構、城市信用社和外資銀行中小企業貸款(含票據貼現)餘額/萬億元	年末,金融機構小(微)企業貸款(含票據貼現)餘額/萬億元	年末小(微)企業貸款(含票據貼現)變動
2013	71.9	55.18	—	13.21	比同期大型和中型企業貸款增速分別高3.9個和4個百分點,比同期全部企業貸款增速高2.8個百分點
2014	81.68	61.8	—	15.34	小微企業貸款餘額占企業貸款餘額的30.4%,占比比上年末高1個百分點。全年小微企業貸款增加2.13萬億元,同比增加1,284億元,增量占企業貸款增量的41.9%,比上年占比水平低1.6個百分點。
2015	93.95	68.77	—	17.39	同比增長13.9%,增速比上年末低1.6個百分點,比同期大型和中型企業貸款增速分別高2.7個和5.3個百分點。

2.1.2 中小企業融資難的成因

是否具有符合銀行標準的抵押物是決定中小企業能否獲得銀行貸款的關鍵。抵押物和建立在抵押物基礎之上的擔保,不僅能降低借款人發生道德風險的概率,也可大幅降低銀行向中小企業貸款的綜合成本。因此,要求提供抵押物和擔保是銀行向中小企業提供貸款的必要前提條件。

2.1.2.1 缺乏融資抵押物與融資擔保

中國中小企業普遍存在融資抵押物匱乏和融資擔保難的問題。中小企業融資渠道過於單一,相當一部分中小企業的外源性資金來源主要是銀行貸款,而銀行向中小企業貸款一般又要求後者擁有「銀行標準」的抵押物。銀行對抵押物要求非常嚴格,其主要標準在於抵押物能否順利轉讓以及價格是否穩定。目前,國內銀行一般偏好於房地產抵押,一方面是因為中國資產交易市場尚不發達,另一方面是因為銀行缺乏對其他資產諸如機器設備、存貨、應收帳款的鑑別和定價能力,況且上述資產易損耗、價值波動較大,不適合成為良好的抵押品。但絕大多數中小企業受經營規模限制,房屋、土地等固定資產僅占總資

產的小部分、流動資金、庫存、在製品、途中產品、原料等流動資產卻占總資產的大部分，而銀行認為這些流動資產控製不便且監管難度較大，以至這些流動資產在中小企業融資時沒有被充分地利用起來。因此，中國中小企業普遍缺乏合乎銀行標準的抵押資產。另外，企業向銀行等金融機構借款，如果沒有抵押物，也可借助擔保。而中國中小企業治理結構不規範、財務制度不健全、信息不透明、社會信用度低，往往難以找到信用擔保人，不能提供銀行要求的有效擔保。

2.1.2.2　相關費用導致中小企業融資成本高

銀行對中小企業的放款多採取抵押或擔保方式，手續繁雜，中小企業還要支付擔保費、抵押資產評估費等相關費用。企業獲得貸款支持不僅需要提供完備的報表，經過金融部門的信用評級、貸款評估、審批等環節，而且還要支付一定的公關費用。對中小企業來說，其融資成本較高。

2.1.2.3　中小企業受信用標準歧視

2011年數據顯示，在中國數量眾多的中小企業中，國有中小企業僅占總數的24%左右，民營中小企業成為中國中小企業的主流，國有商業銀行與中小企業存在所有制「不兼容」問題，國有銀行不願給民營中小企業發放貸款而承擔額外的風險。即便是民營銀行，主要客戶也是大企業（包括民營大企業）和大項目。中小企業受商業銀行的客戶評價標準歧視。商業銀行現行的信用等級評定辦法是針對較大型企業制定的，中小企業與大企業面臨同一種信用等級評定辦法，而大企業的各項信用指標是中小企業無法比擬的，該評定辦法過於強調企業資產規模，從而造成中小企業的信用等級相對較低。這種狀況客觀上對中小企業形成了信用標準歧視，增加了中小企業融資難度。

2.2　科技型中小企業融資困境因素分析

在眾多的中小企業中，科技型中小企業融資難問題尤其嚴重。我們隨機選取了成都市200多家科技型中小企業，通過發放調查問卷（調查問卷見附錄）的方式，調查了2013年成都市科技型中小企業的融資狀況。排除了數據嚴重缺失以及數據與實際情況明顯不符的公司，最終整理得到106份有效問卷。由於問卷中涉及離散型和連續型2種變量，因此我們針對2種變量採用了不同的方法考察其對企業融資額的影響程度。對離散型變量，我們進行了描述性統計分析，而對連續型變量，我們進行了Pearson相關性分析。

2.2.1 描述性統計分析

採用描述性統計分析對離散型變量進行處理，我們發現：

（1）企業性質和平均融資額之間具有顯著的相關性。國有企業獲得的平均融資額遠高於其他類型的企業，這和主流的研究結論相一致，可能是由於國有企業隱性擔保機制和中國國有資本主導的金融秩序而導致的。

（2）企業目前發展階段對其融資能力也有顯著影響。企業初創期的平均融資額最低，而擴張期最高，成熟期相對低於擴張期。這符合企業週期理論的推斷。由於企業在初創期面臨較大的不確定性，信用風險較高，因此外部融資主要是以股權融資為主；而當企業處於擴張期時，前景較好，抗風險能力逐步提高，因此容易獲得較多的債券融資機會。

（3）金融機構或其他機構對企業信用等級的評定與企業的融資額並不成正比。這是一個與主流研究結論不一致的發現，這可能是由中國目前金融機構評級不完善、可信度不高而導致的。

（4）獲得專業創投投資的企業的平均融資額是未得到專業創投投資的 4 倍多，說明專業創投有利於企業獲得更多融資。這可能從一個側面說明了中國轉型經濟期銀企信息不對稱嚴重，對於銀行而言，創投在一定程度上解釋了貸款企業的信息。

（5）某些行業融資額的差別很大，比如高新技術改造傳統企業的平均融資額遠高於其他幾個領域，而高技術服務業的平均融資額遠少於其他幾個領域的平均融資額。某些行業的差別卻很小，比如電子信息技術、生物與新醫藥技術、新材料技術和新能源及節能技術行業的平均融資額相當。因此，所屬領域是影響融資額的因素之一，但行業的不同對平均融資額有不同程度的影響。

（6）高新技術企業的平均融資額是非高新技術企業的 3 倍多，這也說明了中國政府在支持高新技術企業發展方面的工作取得了較好成果。

（7）未申報過國家、省、市科技資金支持項目的企業的平均融資額是申報過企業的 3 倍多。因此，申報過科技經費支持對企業的平均融資額並沒有積極影響。

（8）專門設立研發部門企業的平均融資額是不設立該部門企業的近 100 倍，因此企業是否設立專門研發部門對於企業的融資能力有巨大影響。一個具有專門研發部門的企業可能會具有更高的科技創新能力以及更多的知識產權，這在一定程度上反應了這個企業的規模和發展前景。

（9）企業是否進行過民間融資對企業融資額的影響不大。

（10）選擇產權交易市場進行融資的企業的平均融資額比未選擇該項融資的企業的平均融資額多大約50%，因此該因素對企業的平均融資額有一定的影響。

（11）制訂融資計劃的企業的平均融資額比沒有融資計劃的企業的平均融資額多大約7倍，因此預先制訂融資計劃對企業的融資額有巨大影響。一個已預先制訂好融資計劃的企業更可能具有一個明確的發展計劃，因而可以根據投資者的喜好做相應的準備以得到他們的青睞。

綜上所述，依據各因素對企業融資額度的影響程度不同，可以將這些因素分為三類：第一，企業性質、現在的發展階段、所屬領域、是否是高新技術企業和是否制訂融資計劃對企業融資的能力具有較大的影響；第二，是否獲得過專業創投投資、是否獲得過金融機構投資和是否選擇過產權交易市場融資是影響企業融資額的重要影響因素；第三，金融機構的評級、是否申報過國家和省市科技資金支持項目及民間融資對企業的融資額沒有顯著影響。

2.2.2 Pearson 相關性分析

採用 Pearson 相關係數法，將研究樣本中數值變量作為自變量，如企業員工數、知識產權數、註冊資本、註冊時間、企業技術開發人員數、2011年總資產、2011年淨資產、2011年銷售收入、2011年研發費用等，將已獲融資額作為因變量。對所得數據進行基於 Pearson 相關係數的相關性分析，結果如表2-2所示。

表2-2　　已獲融資額與其他因素的相關性分析結果

指標	註冊資本（萬元）	註冊時間	企業員工數	企業技術開發人員數量	知識產權數量	2012年銷售收入	2012年研發費用	2012年總資產	2012年淨資產	主要產品的技術水平
Pearson 相關性（雙側）	0.271	-0.284	0.662**	0.827**	0.062	0.343*	0.366*	0.406*	0.376*	0.071
顯著性	0.497	0.478	0.37	0.002	0.206	0.092	0.868	0.45	0.669	0.622

註：** 表示在0.01水平（雙側）上顯著相關，* 表示在0.05水平（雙側）上顯著相關。

由表2-2可知，已獲融資額與企業技術開發人員數、企業員工數的 Pearson 相關性最高，在置信度0.01水平上顯著相關；已獲融資額與2011年銷售收入、2011年研發費用、2011年總資產和2011年淨資產在置信度0.05水平上顯著相關；已獲融資額與企業註冊資本、註冊時間、知識產權數量以及主

要產品技術水平的相關度最低。

2.2.3　基於逐步線性迴歸的企業融資額預測分析

根據前面分析的融資額的主要影響因素進行篩選，取其中的數值型變量和離散型變量作為估計企業融資額的迴歸方程變量。

2.2.3.1　逐步線性迴歸分析

本書採用逐步線性迴歸對原數據集進行處理，保留的自變量因素有企業技術開發人員數和 2012 年銷售收入，因變量為已獲融資。表 2-3 是逐步線性迴歸的擬合優度結果。從表 2-3 中可以看出，擬合優度為 0.758，說明迴歸函數擬合得較好。

表 2-3　　　　　　變量的逐步線性迴歸的擬合優度

R	$R2$	調整後的 $R2$	標準估計的誤差
0.871	0.758	0.745	3,600.093

得到迴歸方程：

$$y = 594,624.49 - 7,067.06 x_1 + 1.34 x_2 \qquad (2-1)$$

式（2-1）中，y 表示已獲融資，x_1 表示企業技術開發人員數，x_2 表示 2011 年銷售收入。已獲融資與企業技術研發人員數量呈負相關的原因可能是因為研發人員數量越多，所消耗的費用越多，但研發成果在短時期內可能不會使收益明顯增加，因此該類型企業在財務報表上表現為負盈利，導致銀行等金融機構不願借給企業足夠多的資金。銷售收入反應了該企業的贏利能力，並且直接體現在財務報表上。銷售收入越高的企業其發展潛力越高，對其投資的潛在回報也越大，所以能獲得較高的融資金額，因此，可以通過企業 2011 年銷售收入與企業技術研發人員的數量近似估計企業已獲得的總融資數量。

2.2.3.2　科技型中小企業未來 1~2 年融資規模的預測分析

由於 y 是指當前融資額，通過把 x_2 所代表的 2011 年銷售收入變為 2012 年銷售收入可得未來 1 年的總融資 y'。由於企業技術開發人員在短時間內數量一般不會改變，因此我們把 x_1 視為定值。因此，企業未來 1 年預計能得到的融資額為：

$$\begin{aligned} z &= y - y' \\ &= 594,624.49 - 7,067.06 x_1 + 1.34 x_2 + (594,624.49 - 7,067.06 x_1 + 1.34 x'_2) \\ &= 1.34 \Delta x_2 \end{aligned} \qquad (2-2)$$

式（2-2）中，z 為未來 1 年預計能得到的融資額，x_1 為企業技術開發人員

數，x_2 為前 1 年銷售收入，x'_2 為當年銷售收入，Δx_2 為當年銷售收入的增加值。

我們把數據集中每個科技型中小企業當年銷售收入數據作為 x'_2 代入式 (2-2)，即可預測企業未來 1 年的融資額。與原數據集對比，我們發現約有 61.54% 的中小企業在未來一年預計獲得的融資額達不到預期規模，僅有 38.46% 的中小企業在未來一年預計獲得的融資額可以達到預期規模，因此，科技型中小企業融資的未來形勢依然相當嚴峻。

2.2.4 企業融資管道的影響因素分析

由於企業自身情況存在差異，因而對融資渠道的選擇也有所不同。對影響企業融資渠道的因素進行分析有利於引導企業選擇最佳融資渠道，從而更易獲得所需融資。我們對企業融資渠道的影響因素進行分析，從數值特徵上來看大致分為三類：第一類是連續型變量，如員工人數、註冊時間、註冊金額等；第二類是存在序列相關性的定性變量，如是否是高新技術企業、目前發展階段、主要產品技術水平等；第三類是無法確定序列相關性的定性變量，如主要知識產權、所屬領域等。對於三類數據以及因變量（即某種融資渠道獲得的融資額所占總融資額的比例）分別進行處理。

2.2.4.1 第一、二類變量對融資渠道影響程度分析

第一類變量的數據存在少量缺失，處理時用零填補空缺值。第二類變量數據相對於第一類變量缺失較為嚴重，取其所屬領域的平均值來填補。同時，第二類變量存在較多的不連續數據和非正態數據，不符合 Pearson 相關係數的假設，所以我們選用條件相對寬鬆的 Spearman 秩相關係數和 Kendall 相關係數來分析變量對融資渠道的影響。運用 SPSS 得到這兩種相關係數矩陣，對比發現兩種系數的相關性結果基本一致，僅在個別融資渠道上有微小不同。為了提高分析的準確性，只有在 Spearman 秩相關係數和 Kendall 相關係數同時表現為顯著相關且符合客觀現實規律時，我們才認為該變量與融資渠道有顯著相關關係。綜合考慮得到結果如表 2-4 所示（因為缺乏其他融資渠道信息，所以出於嚴謹考慮，這裡未將其列入結果）。

表 2-4　變量的 Spearman 秩相關係數和 Kendall 相關係數分析的綜合結果

融資管道（比率）	有顯著正相關關係的影響因素	有顯著負相關關係的影響因素
創投融資	無	企業員工數、企業技術開發人員數、2011 銷售收入、企業是否成立專門研發部門

表2-4(續)

融資渠道（比率）	有顯著正相關關係的影響因素	有顯著負相關關係的影響因素
金融機構貸款融資	是否申報過國家和省市科技資金支持項目、企業是否向金融機構進行過貸款、未來1~2年融資需求規模、2010銷售收入、2011銷售收入、企業可抵押固定資產規模	無
民間借款融資	企業是否進行過民間融資、保理	註冊時間
股權融資	企業是否獲得過專業創投投資	未來1~2年融資需求規模
自有資金融資	註冊資本	商標權、專利權、著作權等權益質押貸款
政府扶持資金融資	無	無
國家政策性貸款融資	訂單質押貸款	無

根據影響因素對各個融資渠道進行相關分析，得到以下結果：

（1）創投融資與企業員工人數、企業技術開發人員數、2012企業銷售收入、企業是否有研發部門顯著負相關。該結果一方面說明，隨著企業發展逐漸成熟，相較於初創期融資渠道單一的情況，成熟期的企業依賴其他更加有效的融資途徑；另一方面，由於引進創業融資會稀釋企業股東股權，所以企業發展狀況越好、規模越大、機制越完善，將越不傾向於選擇創投融資渠道。

（2）金融機構貸款融資與是否申報過國家和省市科技資金支持項目、企業是否向金融機構進行過貸款、未來1~2年融資需求規模、2011銷售收入、2012銷售收入、企業可抵押固定資產規模顯著正相關。該結果表明：一是政府對企業的支持會增強企業競爭力，使其更容易獲得金融機構貸款；二是企業擴張動力越大、資本需求越大，越傾向於金融機構貸款；三是企業經營狀態越好、償債能力越強，越容易獲得金融機構貸款。

（3）民間借款融資與企業是否進行過民間融資、保理顯著正相關，與註冊時間顯著負相關。該結果說明本身具有民間融資經驗及對保理這類金融產品需求越旺盛的企業越容易獲得民間融資；與註冊時間顯著負相關說明企業存活時間越長，企業會更加傾向於選擇其他風險更小、成本更低的融資渠道，而非民間融資渠道。

（4）股權融資與企業是否獲得過專業創業投資顯著正相關。該結果說明，企業因為自身資金規模和信用限制，融資途徑較少，除了傾向於尋求創業投資

外，同時也比較傾向於使用股權融資。未來 1~2 年融資需求規模與股權融資企業顯著負相關，原因可能是擴張型企業如果持續使用股權融資會導致企業股東的持股率被大幅稀釋，導致其企業的控製能力降低，存在經營上的巨大風險，所以未來融資規模較大的企業比較傾向於選擇金融機構貸款融資渠道，而非股權融資渠道。

（5）自有資金融資與註冊資本顯著正相關，與權益質押貸款顯著負相關。該結果說明本身具有較為雄厚資金儲備的企業傾向於使用自有資金，而權益質押貸款可視為一種負債，負債的增加會減少企業的淨資產，抑制企業使用自有資金。

（6）政府扶持資金未與研究的因素有明顯相關關係。是否通過該融資途徑進行融資多半取決於政策性因素，這些因素可變性較大，未納入研究範圍。

（7）國家政策性貸款融資與訂單質押貸款正相關。因為訂單質押貸款往往發生在農業、軍工或者其他國家重點發展的行業，這些行業大多本身就受到國家政策性的扶持，所以對於這類企業，通過國家政策性貸款進行融資是一個既有效又低成本的途徑。

2.2.4.2 第三類變量對融資渠道影響程度分析

（1）數據處理。

由於第三類變量大多比較複雜，我們只選擇 6 個第三類變量（包括所屬領域、當前企業在新技術或新產品開發中遇到的主要困難、主要產品知識產權、融資渠道、企業在融資過程中遇到的主要問題、企業認為政府及相關部門需要做的工作）進行分析。首先將這 6 個定性變量定量化，然後利用方差分析分別研究其對因變量（即某種融資渠道獲得的融資額所占總融資額的比例）有無顯著影響。

（2）方差分析結果。

將經過處理的數據通過 SPSS 進行分析後輸出的結果如表 2-5 所示。

表 2-5　　　　　　　　第三類變量的方差分析結果

所影響的融資管道	所屬領域	當前企業在新技術或新產品開發中遇到的主要困難的數量	知識產權種類數量	融資管道數量	企業在融資過程中遇到的主要問題的數量	企業認為政府及相關部門需要做的工作的數量
創投融資	顯著	顯著	顯著	顯著	顯著	顯著
金融機構貸款融資	顯著	顯著	顯著	顯著	不顯著	顯著

表2-5(續)

所影響的融資管道	所屬領域	當前企業在新技術或新產品開發中遇到的主要困難的數量	知識產權種類數量	融資管道數量	企業在融資過程中遇到的主要問題的數量	企業認為政府及相關部門需要做的工作的數量
民間借款融資	顯著	顯著	顯著	顯著	顯著	顯著
股權融資	顯著	顯著	顯著	顯著	顯著	顯著
自有資金融資	不顯著	顯著	顯著	顯著	顯著	顯著
政府扶持資金融資	顯著	顯著	顯著	顯著	不顯著	不顯著
國家政策性貸款融資	顯著	顯著	顯著	顯著	顯著	顯著

方差分析結果說明所屬領域對自有資金的融資無明顯影響，企業在融資過程中遇到的主要問題的數量和企業認為政府及相關部門需要做的工作數量對政府扶持資金進行融資影響也不顯著，其他變量都對融資渠道的選擇有明顯影響。

2.2.5 實證結果分析

總體而言，影響企業融資額的因素主要分為企業財務狀況和外源融資。要改善企業財務狀況就必須提高企業素質，企業素質包括企業性質、企業目前所處發展階段、所屬領域、是否為高新技術企業、是否制訂過融資計劃以及銷售收入、研發費用、總資產和淨資產等財務數據。外源融資主要由專業創業投資、金融機構投資和產權交易市場組成，而金融機構的評級、民間融資、國家和省市科技資金支持項目這些本應發揮作用或者可能具有增進企業融資額潛力的因素卻沒有發揮應有作用。因此，應從提高企業自身素質、完善金融市場融資體系和引導企業選擇合適的融資渠道等三方面著手來提高企業的融資能力。

在對企業融資渠道的影響因素分析中我們發現：科技型中小企業融資渠道的選擇取決於企業自身狀況和企業性質；政府支持領域的中小企業較傾向於政府扶持資金和國家政策貸款融資；初創期的中小企業較傾向於民間融資和創投融資；而發展較好、生存時間較長久的中小企業比較傾向於股權融資、向金融機構借款和依靠自有資金等融資渠道。

2.3 白酒製造企業融資需求及現狀分析

由於本書案例分析中主要關注了白酒供應鏈金融的發展,而白酒供應鏈的組成部分是白酒企業,因此我們有必要對白酒企業的生存現狀及白酒供應鏈上下游的融資需求和現狀進行重點關注。

2.3.1 核心白酒企業融資需求

核心白酒製造企業都是各家商業銀行偏好的大客戶,其經營穩定,現金流充足。由於在供應鏈中處於最核心、最強勢地位,其自身內向性融資一般可以滿足平時生產經營和擴大再生產投資,外向融資需求較少。

2.3.2 核心白酒企業融資現狀

目前核心白酒企業在內向性融資方面,由於行業特點,全部為老品牌優質生產企業,生產經營時間長,資金累積豐富;在外向性融資方面,由於企業資信好、財務信息透明度較高,加之白酒行業整體發展向好等因素,融資渠道較多,既有各家銀行給予的大額授信額度,又可以選擇發行企業債券和股票等,可以說融資渠道暢通且成本較低。

2.3.3 供應商融資需求及現狀

2.3.3.1 上游供應商的融資需求

在白酒行業供應鏈中,上游供應商在與核心企業的經營合作中處於劣勢,基本存在貨款結算不及時,且多數採用先貨後款的方式,但上游供應商為保證生產需要的連續性,必須儲備兩到三個月的原材料,因此企業必須要有一部分流動資金為生產做保障。再有,近年來全國白酒生產的主要省份都要求對酒業進行集中、規範管理,很多企業需要重新建設廠房和生產線,這都需要大量的資金支持。由此可以看出,上游供應商對資金的需求比較迫切。以基酒供應商為例,由於基酒生產流程較長,整個過程包括生產原材料糧食的採購、發酵、蒸餾、原酒儲存、銷售等多個生產環節,一般需要一年左右的時間,現金流入流出量也較大,對資金的流動性和及時性要求較高。一般濃香型白酒的生產,糧食發酵時間在70天左右,而原酒的儲存則是一個較長的過程。因為儲存時間越長,原酒價值越高,企業往往根據自身流動資金情況把握原酒的儲存時

間，如資金緊張則儲存半年（原酒的儲存至少需要半年），除此情況儲存時間都在一年以上。

在初期或擴大再生產的基本建設方面，據調查，每個窖池的初期建設投入在 500~2,000 元，一個生產好酒的窖池至少要經過 10 年以上的不間斷生產、調配和養護，而後期維護和投入的資金更是無法估算。目前白酒行業普通小型企業的窖池數量一般在 200~400 口，原酒儲存量在 3,000 噸左右，中型企業的窖池數量一般在 400~800 口，原酒儲存量在 8,000 噸左右。酒質好的原酒經過一定時間的儲藏，其酒品越好，增值空間越大。以鄧峽古川酒業為例，該企業在鄧峽市白酒工業園區新建一個占地近 20 公頃的新廠，共需投入 10,000 萬元，建設期為一年。其中，廠房建設半年，需投入 4,000 萬元（含土地出讓金 2,000 萬元）；窖池建設半年，需投入 1,000 萬元；儲酒設施建設一年，需投入 5,000 萬元（含一個月生產原材料儲備）。以上擴大再生產的投入單靠企業自身內向型融資的累積肯定無法滿足其需求，這就必須靠銀行等金融機構給予融資補充。在各主要白酒產地紛紛建立類似鄧峽市白酒工業園區的情況下，各白酒核心企業的上游供應商要想進入園區獲得更好的發展幾乎都將面臨這一融資需求。

2.2.3.2 上游供應商的融資現狀

（1）內向融資渠道。

由於白酒行業供應鏈的上游供應商幾乎都為中小型企業，因此存在著全國中小企業所普遍存在的問題——企業規模小、生產技術水平低下且幾乎都為勞動密集型企業。中小企業產品檔次低、花色品種少、淘汰率高使得中小企業普遍經營時間較短，其缺乏足夠的創業資本、擴大再生產及營運資本，從而無法滿足日常生產經營週轉和擴大再生產投資及科技創新的要求。

（2）外向融資渠道。

雖然外向融資渠道多樣，但由於中國大多數中小企業自身缺陷（例如償債能力弱、融資規模較小、財務規範性差等特點）和中國資本市場的不成熟，中小企業在對外融資時選擇面通常較窄，例如大型優質企業選用的發行股票和企業債的融資方式。由於目前證券市場發行股票的門檻太高，上市成本也高，市場風險大。而中國對於發行公司債券又有嚴格的規定，一般中小企業都不會選擇。對於國內外近年比較流行的風險投資，其資金主要投向高風險、高回報且具有先進技術或創新能力的行業，白酒行業的上游傳統供應商根本不符合風險投資要求。就目前而言，白酒行業上游中小企業供應商的融資渠道主要還是選擇銀行貸款和民間借貸，但就民間借貸而言，往往資金成本高且資金額有

限，而且中國現在的民間借貸還處於地下或半地下狀態，相應的法律法規制度還沒有建立健全。且企業借貸風險較大，因此在可能獲得銀行貸款的情形下，各中小企業還是首選銀行融資。

(3) 地方政府對白酒行業的支持情況。

一是集中建設酒業園區。在以白酒產業為支柱的地方（包括瀘州、宜賓、鄧峽等），政府為了充分發揮白酒產業優勢，促進白酒產業結構優化升級，做大做強白酒產業，都不同程度地建立了酒業園區。如瀘州市規劃了 667 公頃酒業集中發展園區，目前一期項目已建設完畢，超過 50 家的灌裝、包材、物流等企業已經入駐。鄧峽市作為某地區唯一以白酒產業作為「一區一主業」的區（市、縣），規劃了 500 公頃的「全國最大白酒原酒基地」，目前已引進金六福、軒尼詩、文君等知名企業入駐。各地政府都對進入園區的企業給予土地出讓（出租）、稅收政策等方面的優惠，例如凡是進入瀘州酒業集中園區的企業都免三年的土地租金和園區管理費用。

二是加大財政扶持力度。為了鼓勵白酒生產企業發展，各地方政府加大了財政資金的扶持力度。以瀘州為例，從 2007 年起，市政府每年在市本級可用財力中安排 5,000 萬元資金作為酒業發展基金，安排 300 萬元作為獎勵資金，安排 200 萬元作為科技創新資金，安排 200 萬元作為貸款貼息資金，集中用於支持瀘州酒業發展，各區縣可根據實際情況，安排酒類產業發展資金。

三是增大信貸支持力度。增大信貸支持力度是地方政府對白酒行業支持的又一重要手段。以瀘州為例，由當地政府為瀘州市興瀘擔保公司提供 1 億元擔保專項基金為瀘州市白酒供應鏈上的企業提供貸款擔保支持，承貸機構按 1：10 確定總額度 10 億元的貸款規模。擔保基金額與專項貸款額按 1：10 確定，單個企業專項貸款額不大於 1,500 萬元，貸款利率執行中國人民銀行規定的基準利率。入駐酒業集中發展區的企業和酒類「小巨人」企業其擔保費按銀行貸款利率的 10% 計收，其餘酒類企業按 15% 計收。

(4) 銀行對白酒產業的支持情況。

近年來，由於各家商業銀行逐漸重視拓展供應鏈融資產品和中小企業融資業務，因此也使處於白酒行業上游的中小企業供應商相比以往獲得了一定的銀行信貸資金支持。但是據對四川酒類供應鏈企業融資的調查瞭解，目前還主要存在以下三方面問題：一是各中小企業的貸款方式仍然以房屋、土地、機器設備抵質押和第三方擔保為主，並沒有跳出傳統模式，只是對與核心企業進行合作的中小企業信用評級和資質等貸款條件做出了降低標準的調整，但並沒有真正意義上的拓展供應鏈融資產品。二是由於企業自身規模的原因，其能夠提供

的抵質押物數量和質量都無法與需求金額相匹配，貸款金額有限不能滿足企業發展的需要。三是各商業銀行給予企業的貸款價格一般要高出其他大型企業30%，並且會附加一些條件或捆綁銷售一些產品。

2.2.3.3 下游經銷商融資需求及現狀

（1）下游經銷商融資需求。

白酒銷售是一個季節性較強的行業，一年中有明顯的銷售旺季和淡季之分，其核心白酒製造企業一般在淡季都會推出一些優惠措施加快自身貨品的銷售，以便資金快速回籠，要求各下游經銷商必須在淡季籌集資金囤貨獲得一個較便宜的價格，在旺季進行銷售才能獲得更多的收益。目前全國白酒市場特別是老品牌高端白酒銷售火爆，出現了供不應求的局面，因此白酒核心製造企業有強勢談判權，幾乎全部要求各經銷商要預付較大比例的貨款才能預訂產品，而且預付貨款全部只收現金，剩餘貨款可以採用銀行承兌匯票，但是如果核心企業要對承兌匯票進行貼現，其利息基本都由下游經銷商承擔。這就造成訂單項下所需商品採購預付款很可能超過下游中小企業的自有資金，帶來巨大資金缺口，給企業造成資金週轉困難。

（2）下游經銷商融資現狀。

白酒行業的下游經銷商實際是指除開核心白酒製造企業自身成立的商貿公司或銷售公司，一般而言由於行銷模式的不同，核心企業下游的一級經銷商有大型也有中小型的企業，大型商貿企業一般而言可以通過自身信用和資產在銀行較容易獲得融資，而另一部分中小企業經銷商，在面對同樣的貨款支付方式時，往往出現資金鏈緊張，銀行融資困難的局面，其原因除中小企業普遍存在的融資困難共性問題以外，商貿型中小企業在中國有些商業銀行還受到銀行內部的行業政策限制。例如：中國建設銀行2010年的內部行業信貸政策，就將商貿企業列為信貸退出壓縮類企業，對這類企業原則上不得新增授信額度且有餘額的各行還應制定措施逐步退出，面對這樣的銀行信貸政策，對於各中小經銷商融資而言可謂是雪上加霜。同時商貿型企業固定資產都較少，不同於生產性企業有一定數量的土地、房屋和機器設備等，可用於抵質押的物品相對於融資金額而言可以說幾乎等同於沒有，這就使商貿企業在傳統融資模式下融資幾乎成為不可能的事。目前有少數銀行已經看到下游經銷商遇到的發展瓶頸，試點採用了供應鏈融資產品中的保兌倉業務解決其融資難問題，但是其對象主要還是大型經銷商，對中小型經銷商仍然沒有開放市場。

2.3.4 白酒供應鏈融資存在的問題

2.3.4.1 資本市場發展程度低，融資渠道單一

企業的資金來源主要有兩種途徑：內源融資和外源融資。內源融資包括企業資本金、留存盈利、內部股東集資和職工集資等。外源融資包括銀行貸款、發行股票、企業債券、民間借貸等，此外企業之間的商業信用、融資租賃在一定意義上說也屬於外源融資的範圍。從對瀘州市部分中小酒類企業的調查情況看，內源融資仍然是很多企業的主要融資途徑，企業的擴大再生產和發展壯大往往依靠企業主的自身累積。在外源融資方面，瀘州市酒類企業中只有瀘州老窖是上市公司，可以通過資本市場募集資金，郎酒股份近年來也積極尋求上市，但最終由於種種原因暫停了IPO，銀行貸款是酒類企業獲得資金的主要渠道。由於資本市場不發達，特別是在瀘州這樣的西部欠發達地區，融資租賃屬於有待開發的新業務，中小企業也遠遠達不到在資本市場發行股票或債券的條件。因此，現階段來看中小酒類企業要獲得自身發展所急需的資金主要靠民間融資、銀行貸款、自身累積等幾種途徑。據初步調查統計，瀘州市中小酒類企業外源融資中有90%以上來自於銀行的貸款，中小企業融資過分依賴於銀行，融資渠道狹窄。

2.3.4.2 信貸資金向優勢企業集中的現象突出

雖然金融機構對酒類企業的貸款呈逐年上升趨勢，且增幅較大，但是從酒類企業的角度來看卻是冰火兩重天。商業銀行更樂於將資金投向瀘州老窖、郎酒這樣的投資回報穩定的行業龍頭企業，信貸資源嚴重向酒類龍頭企業傾斜。特別是四家國有商業銀行充分利用其信貸行銷優勢，佔據了瀘州老窖股份有限公司和郎酒集團這兩大龍頭企業貸款的絕大比例。四大國有商業銀行的貸款餘額前十大客戶名單中，瀘州老窖集團都名列其中；一家國有商業銀行的貸款餘額前十大客戶名單中有郎酒集團；兩家國有商業銀行的貸款餘額前十大客戶名單中有郎酒股份公司。另外，瀘州老窖集團是瀘州市商業銀行的大股東，2009年瀘州市商業銀行向瀘州老窖集團發放貸款4,000萬元，是其貸款發放額最大的客戶。商業銀行在發放貸款時將主要精力放在爭搶優質客戶上，而沒有挖掘市場潛力，很少細分市場，沒有對不同客戶進行分類定價，導致了信貸支持酒類企業發展的局限性和趨同性。同時，信貸過分向優勢企業集中，容易造成銀行間為爭奪市場份額而降低貸款條件，引發金融機構間的不合理競爭，整個銀行業的信貸風險也集中在少數幾個企業身上，不利於金融風險的控製。與此同時，眾多的中小企業卻難以獲得信貸支持並且貸款數額也不大，基本在500萬

元以下。

2.3.4.3 融資方式單一化

貸款已成為當前瀘州酒類中小企業解決資金需求矛盾的主要手段,在資信等級評價中,企業規模佔有一定的份額,中小企業難以達到標準,評定的信用等級一般較低,信用度較差,企業融資時金融機構往往要求其提供一定的抵押擔保,並且是以抵押、保證擔保為主,幾乎沒有信用貸款。因抵押、擔保手續多、收費較高,一筆貸款經過資產評估、登記、公證、保險、銀行逐級審批等幾個環節,辦理手續快則半個月,慢則幾個月,不符合中小企業融資需求小、急、頻的特點。而且從傳統的金融視角來看,難以提供有效的抵押和擔保一直是制約中小企業融資的主要問題。雖然,金融機構在創新金融產品滿足酒類企業融資需求上做了一些積極地探索,但動產抵押、基酒抵押等模式增加了銀行的管理難度和成本,特別是對於沒有或很少有縣及縣級以下網點的國有商業銀行來說,可行性和操作性都很弱,只有農村信用社能夠利用網點多、信貸員貼近客戶的優勢開展有限的抵押物創新貸款業務。

2.3.4.4 從貸款期限和用途上看,支持企業長遠發展的功能不足

從對農行、農發行、信用社、商業銀行等金融機構的問卷調查來看,這些銀行對酒類企業發放的貸款全部都是一年期以內的流動資金貸款,主要用於企業的生產和擴建,也就是支持企業進行簡單的擴大再生產,這種貸款對銀行而言期限短、風險低、回收期短、效益明顯,但是卻難以支持中小酒類企業的長期發展戰略。由於貸款期限短,企業不能用於技術的更新和改造,而技改往往是決定中小酒類企業在殘酷的市場競爭中能否具備競爭優勢、能否健康成長實現跨越式發展的關鍵。這是因為,從宏觀政策背景看,酒業背負著高污染行業的名聲,這也是為什麼國家要對白酒行業徵收高稅並加強稅基管理的原因所在,目的就是要遏制小酒廠的泛濫,提高白酒產品的質量檔次,減少糧食的浪費和環境的污染,實現白酒行業的優勝劣汰。因此,對中小酒類企業進行技術改造,實現節能減排,與國家的產業規劃意圖相一致就顯得至關重要。眾所周知,低端酒利潤微薄甚至可能出現虧損,低端酒只是企業占據市場的需要而不是利潤來源,中端酒的利潤雖然與高端酒相比還有很大的差距,但一般還是有30%~50%的毛利潤。因此,對於中小酒類企業而言,技術的更新,產品從中低端向中高端的升級,提高產品的附加值是企業做大做強的必經之路。由於貸款期限短期化的制約,企業難以利用銀行信貸資金進行技術改造和升級,不利於企業的長遠發展。

2.3.5 目前酒類企業融資面臨障礙的原因剖析

針對目前中小酒類企業融資中存在的各種問題和困難，分析其產生的原因，歸納起來大概有以下幾個方面（以瀘州市為例）：

（1）縣域資金外流現象突出。

中小酒類企業絕大部分分佈在縣及以下行政區域，但當前縣域資金外流現象嚴重，雖然信貸支持縣域經濟的絕對額在逐年上漲，但與縣域存款相比，比例卻在下降。特別是國有商業銀行和郵政儲蓄銀行成為縣域資金的「抽水機」，使得縣域農村資金不斷「外流」。信貸支持作為縣域經濟資金供應的主渠道作用呈弱化態勢，加劇了縣域經濟資金供求矛盾。

（2）郵政儲蓄增勢迅猛，成為縣域資金外流的主要渠道。

郵政儲蓄銀行利用分佈於縣及鄉鎮的郵政儲蓄網點優勢，吸收大量的儲蓄存款，但是目前郵政儲蓄銀行只發放個人貸款和 500 萬元以下的企業貸款，且利率較高，其信貸體制並不鼓勵將資金投放於當地。2009 年郵政儲蓄銀行瀘州分行存款餘額為 787,193 萬元，貸款餘額為 29,315 萬元，存貸比僅僅只有 3.72%，其餘資金絕大部分上存到上級機構，由總行和省級分行統一運作，投向大型項目或大型企業。

（3）國有商業銀行改革和發展戰略的轉變制約其在縣域的資金投放。

瀘州市四家國有銀行從 1999 年開始陸續進行了機構改革，逐步由分散經營轉向集約化經營，普遍推行「重點行業、重點項目、重點客戶」的發展戰略。這有利於國有商業銀行信貸結構的調整和優化，但與縣域經濟的特點不相容，不可避免地將弱化對縣域經濟的支持力度，使縣域金融的功能趨於減弱，主要體現在機構網點的大幅收縮和信貸審批權的上收方面。近年來，國有商業銀行在縣及縣以下行政區域的機構網點急遽萎縮，而且在國有商業銀行現行信貸管理體制下，縣級支行基本上都沒有信貸審批權限，每一筆貸款都要報市分行批准，辦理一筆貸款手續繁瑣，耗費時間長，造成縣支行放貸積極性不高，甚至只吸收存款，幾乎不發放貸款，吸收的存款源源不斷地上存，造成縣域資金的外流。

（4）服務於中小酒類企業的金融體系不健全。

瀘州市作為西部欠發達地區的中等城市，金融業發展水平不高，截至 2009 年年末，瀘州市有政策性銀行 1 家，國有商業銀行 4 家，城市商業銀行 1 家，農村合作金融機構 7 家，郵政儲蓄機構 1 家，村鎮銀行 1 家，小額貸款公司 1 家。而在全國性股份制商業銀行方面，現在還是一片空白，興業銀行和招

商銀行正在積極籌備在瀘州開辦分支機構。在對中小企業、中小酒類企業的信貸支持上，金融體系缺位表現比較突出。前面已經說到，由於國有商業銀行和郵政儲蓄銀行將市場定位於大企業、大項目，因此對縣域經濟和中小企業的信貸支持非常的微薄。農業發展銀行以前很多年中只發放糧食收購的政策性貸款，近年來才開始發放涉農的商業貸款，對酒類企業貸款也進行了積極的探索，是瀘州市酒類產業發展擔保貸款業務的主辦行，但畢竟農發行信貸管理體制還未理順，對這種商業性質的貸款經驗不足，規模也偏小。而瀘州市唯一一家股份制銀行，也是地方性中小金融機構——瀘州市商業銀行，因其資金實力、結算功能等方面的局限性，受吸收資金和資產負債比例管理的約束，信貸支持能力受到了較大的制約。雖然瀘州市商業銀行的市場定位是服務於中小企業的商業銀行，但在具體操作中，由於資本的趨利性，瀘州市商業銀行仍然熱衷於將信貸投放於大項目、大企業，對中小企業的放貸積極性反而不高。農村信用社是當前中小企業貸款的最主要供給者。農村信用社在縣域及以下區域網點多，貼近客戶，一直積極發揮著中小金融機構服務於中小企業的功能。農村信用社近年來機構改革力度較大，並且丟掉了歷史遺留的不良貸款包袱，支持農業和中小企業的能力得到增強，並且努力進行金融創新，開發適合於中小酒類企業的貸款產品，已成為中小酒類企業外源融資的主要來源。但是由於農村信用社經營管理體制比較落後，對中小企業的融資需求還缺乏成熟的市場研究和操作辦法，基本沿用國有商業銀行的類似框架，而且農村信用社受制於資金實力不強、人才缺乏等因素，難以很好地滿足中小酒類企業的融資需求。2009年8月成立的瀘縣元通村鎮銀行和成立不久的龍馬興達小額貸款公司是定位於服務中小企業的小型金融機構，在支持酒業這一瀘州市支柱產業方面應該是大有可為的。從統計數據看，2010年3月瀘縣元通村鎮銀行新增貸款的前十大客戶中，中小酒類企業就有四家，共發放1,100萬元，極大地支持了酒類企業的發展。龍馬興達小額貸款公司以瀘州老窖集團公司為主要發起人，小貸公司的設立主要是為了滿足瀘州老窖產業鏈上下游企業資金需求、幫助解決「三農」及中小企業融資難的問題，並為酒業集中發展區入園企業及瀘州中小企業、個人提供融資支持。作為目前全國註冊資本最大的小額貸款公司，龍馬興達小額貸款公司具有「數額小、週期短、審批快」的顯著特點和優勢，該公司將主要為瀘州老窖產業鏈上相關協作企業、瀘州酒業園區外地入園企業提供金融服務。因此，龍馬興達小額貸款公司能夠滿足部分中小酒類企業的信貸需求，但服務範圍比較狹窄，大部分散落在酒業園區外的中小企業都得不到它的支持。而且，相對於其他銀行機構而言，這兩家新型金融機構規模小、金融服

務功能弱，目前也僅僅處於起步階段，雖然說是一種積極的嘗試，拓寬了中小酒類企業的融資渠道，但總體來看對中小酒類企業的信貸支持力度還比較小。

2.3.6 中小酒類企業自身存在的缺陷

從中小酒類企業個體層面來看，除不能提供有效擔保外，自身還存在各種問題，使得銀行信貸所面臨的風險較大，也在一定程度上制約了銀行的放貸積極性。

2.3.6.1 市場風險較大

酒類企業的原材料主要是糧食，而糧食市場季節性很強，產成品市場也具有波動性、週期性的特點。因此，受原材料市場和產成品市場價格波動的雙重影響，酒類製造企業經受的市場考驗較大，特別是對規模小的酒類企業而言，其抗擊市場風險的能力較弱，更容易出現市場風險。

2.3.6.2 經營風險較大

大多數中小酒類企業沒有足夠長時間的窖池資源和有影響的品牌支撐，缺乏優質項目，產品結構不合理，散酒所占比例較大，科技含量低，創新能力弱，在市場競爭中處於劣勢地位，因此經營風險較大，中小酒類企業的信用等級普遍偏低。

2.3.6.3 管理水平低，財務信息不透明

中小企業受自身人才、技術等因素限制，管理不規範，大多數小型酒類企業實行家族式管理，生產、財務、銷售的負責人都是家族成員甚至就是一家三口，管理人員專業性不強。同時存在財務信息不標準、不透明，獲取困難的現象。企業財務制度不健全，財務工作的質量不高，有的小作坊型的企業還沒有把企業財務和家庭財務嚴格分離。相當多的中小企業沒有編製現金流量表。另外，酒類中小企業是勞動密集型企業，產品技術含量低，公開披露信息容易暴露相關產業信息和經銷渠道，為防止競爭對手複製或模仿而喪失企業的競爭優勢，中小酒類企業往往不願過多披露信息。有的企業則提供虛假的信息，真實性差，如為避稅而隱藏銷售收入和利潤，為貸款而增加銷售收入和利潤，銀行很難掌握企業真實的生產經營和資金運行情況。

3 供應鏈金融理論基礎研究

3.1 供應鏈金融的概念

供應鏈金融是指中小企業通過依附與其貿易相關的核心企業、物流監管公司，結合資金流引導工具，形成完整的產業鏈，以期降低融資成本、增強自身信用的一種融資模式。供應鏈金融是銀企雙方在傳統借貸理念上的一次突破，充分發揮了供應鏈核心企業的信息優勢，降低了銀行與中小企業間的信息不對稱，緩解了供應鏈上中小企業的融資障礙，增強了供應鏈的競爭力，同時也帶動了金融機構的發展和創新，實現了多方共贏的局面。Berger（2006）[35]等人最早提出了關於中小企業融資的一些新的設想及框架，初步形成供應鏈金融的初步想法。彎紅地（2009）[130]認為供應鏈金融有利於彌補中小企業抵押擔保不足，為供應鏈內部企業提供全面金融服務。Viktoriya（2012）[11]對新興市場的供應鏈金融模式進行分析，認為供應鏈金融對解決中小企業融資問題提供了幫助，同時也促進了中小企業國際化業務的發展。Gu等（2015）[131]通過構建不對稱信息下銀行、核心企業與中小企業三方博弈模型，認為在供應鏈金融背景下，核心企業能夠緩解中小企業與商業銀行之間的信息不對稱問題，改善中小企業的融資環境，從而提升整個產業鏈的價值。李華和黃有方（2010）[132]認為供應鏈融資突破了靜態質押給融資企業生產商貿活動帶來的弊端，使得不同階段質押物可以有效置換，盤活企業不同時期的流動資產，使中小企業靈活有效融資，也為其他利益主體帶來新的盈利模式。李芹、吳絲絲和霍強（2014）[133]認為供應鏈金融能加強企業物流、資金流合作與監管，提高風險管理和經營績效，增強中小企業融資能力，規範融資管理，優化融資策略，創新融資方式，用活融資渠道。章文燕（2010）[134]認為供應鏈融資模式跳出了單個企業的傳統局限，站在產業供應鏈的全局和高度，對應對當前的金融海嘯意義重大。

3.2 供應鏈金融的發展現狀分析

3.2.1 同業發展現狀

近年來，供應鏈金融作為一個金融創新業務在中國發展迅速，已成為銀行和企業拓展發展空間、增強競爭力的一個重要領域。中國供應鏈金融的產生源於平安銀行（原深圳發展銀行）。1999 年該行個別分行在當地開展業務時進行的探索與嘗試，首先試推了動產及貨權質押授信業務。之後，經過了幾年的嘗試，平安銀行最終於 2006 年在國內銀行業率先正式推出了「供應鏈金融」的品牌。伴隨著平安銀行供應鏈金融業務的成功開展，供應鏈金融潛在的巨大市場和良好的風險控製效果吸引了很多業內同行的介入。至今為止，國內多家大型商業銀行、股份制銀行都明確提出要大力發展供應鏈金融業務。

3.2.1.1 工商銀行

2010 年以來，工商銀行把發展「供應鏈金融」作為工商銀行搶占市場制高點、打造新時期核心競爭力的一項重要戰略，並在供應鏈融資領域開發和儲備了與企業經營週期、結算方式、行業類別、市場類別等不同維度相匹配的供應鏈金融基礎產品體系，以豐富多樣的個性化融資方案有效滿足供應鏈企業多樣化的金融需求。2013 年，工商銀行又要求把供應鏈貿易融資作為中小企業融資業務發展的重點，通過推進「應收帳款池」「票據池」等擔保方式，實現中小企業貿易融資的規模化。圍繞核心企業上下游，大力推薦國內保理、國內發票融資、國內信用證項下賣方融資等貿易融資品種。目前，工行電子供應鏈融資通過與供應鏈核心企業的 ERP 系統實時對接，將網路融資完全嵌入供應鏈交易鏈當中，簡化了傳統供應鏈融資的業務流程，提高了業務效率。

工行電子供應鏈融資業務通過與核心企業緊密合作，將核心企業的信用向上下游轉移，主要關注交易本身的物流及資金流，幫助上下游小微企業解決了因押品不足導致的擔保難題。工行電子供應鏈融資採用「客戶自助網路化操作＋內部自動系統化處理」的業務模式，客戶只需登錄該行的網站就可以靈活、自由地進行融資申請、上傳或確認訂單、提款、付款、還款、查詢等操作，滿足了小微企業「短、頻、急」的資金需求特徵。工行的電子供應鏈融資業務充分發揮工商銀行渠道優勢，即使核心企業與客戶所在地不同，也能實現「一點接入，全面服務」的跨區域服務模式，真正適應了現有供應鏈上下游客戶的地區分佈特徵。

3.2.1.2 建設銀行

2007年以來，建行就將供應鏈融資業務定位為戰略新興業務，並在業務發展和產品創新上做出了很多有益的探索和嘗試，形成了十大供應鏈融資業務。在中國銀行業發展駛入慢車道之後，商業銀行不得不深化轉型，尋找新的利潤增長點。建行是同業中率先提出「綜合性、多功能、集約化」戰略定位的銀行，並表示未來將重點發展互聯網金融，主要是在供應鏈金融、手機支付、電子商務、金融社會化網路服務等領域搶占先機，趕上或領跑同業。

目前，建設銀行正在大力推進企業級供應鏈金融服務，樹立了「善融鏈通」供應鏈金融服務品牌，圍繞核心企業（平臺）及其上下游鏈條企業，整合全行供應鏈金融產品，運用線上線下資源，為核心企業（平臺）及其上下游鏈條企業提供融資、投資、結算等境內外本外幣一體化、綜合化、量身定制的供應鏈金融服務方案。依託供應鏈物流、資金流、信息流、商流等信息，建立服務平臺一體化、營運管理專業化、操作流程電子化、信息處理便捷化、風險控製個性化的供應鏈金融服務平臺。

3.2.1.3 民生銀行

一直以來，民生銀行緊緊圍繞「打造特色銀行和效益銀行」兩大定位和「做民營企業的銀行、小微企業的銀行、高端客戶的銀行」三大市場定位，全面拓展小微金融和事業部金融。其中，圍繞區域特色做產業鏈金融及供應鏈金融是民生銀行為推動小微金融和事業部金融改革而重點開發的新興業務。民生銀行於2005年底成立貿易金融部，專門為進出口客戶提供各類金融服務，以「走專業化道路、做特色貿易金融」為發展策略，構建專業化垂直銷售體系、貿易融資評審體系和業務操作體系。民生銀行將行業進行細分，重點開發機電、石油化工、冶金礦產、交通運輸四大行業。貿易金融部計劃繼續通過應收帳款類、物流融資類和服務增值類三大系列產品，集中力量開發長三角、珠三角、環渤海的機電、石油化工、冶金礦產、交通運輸等行業，旨在建立中型企業核心客戶群。並且，民生銀行在地產金融事業部、能源金融事業部、交通金融事業部、冶金金融事業部之外拓展特色事業部，如現代農業金融中心的茶葉事業部和與泉州分行並列的石材金融事業部。

目前，民生銀行的產業鏈金融及供應鏈金融由總行公司部推動，聯合評審部、合規部、監控部，力度大，沿核心企業兩頭行銷，並成立了地產金融、能源金融、交通金融、冶金金融、現代農業金融、文化產業金融等六大一級金融事業部，以及海洋漁業金融中心、茶業金融中心、石材產業金融事業部三個二級金融事業部。

3.2.1.4 招商銀行

領軍國內電子銀行市場的招商銀行，是「電子供應鏈金融」服務的積極倡導者。2008 年開始，招商銀行就將發展供應鏈融資作為招行國際業務「三位一體」發展戰略下的戰略新興業務，並確立了本外幣、內外貿一體化發展的思路。隨著招商銀行小企業業務戰略定位的確定，2013 年初，招商銀行又在互聯網金融的大背景下，將互聯網與供應鏈相結合，創新推出了專屬小企業的網上企業銀行平臺 8.0 版（U-BANK8），該產品涵蓋小企業商務交易、現金增值、便捷融資、電子供應鏈金融等四大領域。因此，該行的電子供應鏈金融和「1+N」供應鏈金融作為重點開發小企業業務的核心工具。

招商銀行目前涵蓋電商平臺、零售商超、大型生產企業、物流倉儲平臺、政府採購機構、大宗商品平臺、日用快消品行業、電信通信行業八大類供應鏈金融解決方案。平臺依託招行領先的電子銀行資源，構建供應鏈「大數據」信息平臺，整合銀行內部和供應鏈各參與方的信息資源，包括核心企業、上下游中小企業、網上銀行、海關、倉儲物流服務商，實現各方信息在線實時推送，並通過對供應鏈中產生的商流、物流、資金流和信息流的自動歸集和「智能」分析，為供應鏈節點企業提供包括帳權、貨權在內的在線綜合金融解決方案。

3.2.1.5 平安銀行

中小企業發展一直是平安銀行關注的重點，通過貿易融資平臺助力中小企業的業務擴張，解決融資之困是平安銀行三大戰略核心業務之一。作為深發展的傳統優勢業務，平深整合後，平安銀行進一步明確並強化了貿易融資業務的戰略地位。

2013 年是平安銀行和深圳發展銀行兩行整合完成後的第一年，為保持平安銀行貿易融資的傳統優勢地位，該行總行通過組建貿易融資產品事業部強化對貿易融資業務的專業化經營和管理，並在整合後推出了新的「供應鏈金融 2.0」系列。未來，平安銀行將借助平安集團的綜合金融平臺，以「供應鏈金融」為核心，一方面，為供應鏈上的中小企業成員提供表內外授信、結算、信息和帳務管理等傳統銀行服務，另一方面，與平安集團的其他子公司聯手，根據供應鏈金融核心企業、上下游企業的不同發展階段和特點，提供銀行、信託、證券、基金、保險等全方位的綜合金融服務，將業務滲透到供應鏈的每個業務節點和企業的不同發展階段，從而建立起全新的供應鏈金融核心競爭力。2014 年 7 月 10 日，平安銀行在深圳隆重推出橙 e 平臺，將線上供應鏈金融全面升級到「電子商務+互聯網金融」集成服務的全新高度。橙 e 網是由平安銀

行出資建設和營運的電子商務雲服務平臺，它聯合物流企業、第三方信息平臺等戰略合作夥伴，讓中小企業免費使用雲電商系統。借助這一系統，中小企業可以快速實現上下游商務的電子化協同，實現訂單（商流）、運單（物流）、收單（資金流）一體化，並便捷地享受由訂單促發的物流、保險、結算、融資等商務服務的一站式獲取。

3.2.2 基本業務模式

國內商業銀行基於中小企業的供應鏈融資模式主要包括三種方式：一是基於核心廠商風險責任的預付款類融資產品。這種模式一般是銀行為下游企業提供短期信貸支持。供應鏈中的下游企業往往需要向上游供應商預付貨款，才能獲得所需的原材料、產成品等，這種業務適用於供應商承諾回購條件下的採購融資。二是基於動產和貨權控制的存貨類融資產品。當企業處於支付現金至賣出存貨的業務流程期間時，可以以存貨作為質押向金融企業辦理融資。銀行重點考察企業是否有穩定的存貨以及長期合作的交易對象和整合供應鏈的綜合運作狀況作為授信決策的依據。三是基於債權控制的應收帳款類融資產品，這種模式一般是為處於供應鏈上游的債權企業融資，下游的債務企業在整個運行中起著反擔保作用。即一旦融資企業出現問題，債務企業將承擔彌補銀行損失的責任。

3.2.2.1 供應鏈金融解決融資難的優勢

中小企業規模小，固定資產少，土地房屋等抵押物充足，一般很難提供合乎銀行標準的抵押品。同時，社會公信度不理想，很難找到令銀行放心的具有代償能力的擔保人，缺乏融資抵押與融資擔保已成為中小企業融資的瓶頸。隨著產業鏈、產業集群和銀企結合的發展，一項解決中小企業融資難的金融服務——「供應鏈金融」應需而生。

（1）供應鏈金融憑藉鏈上企業信用融資。

供應鏈金融是指處在生產、運輸、倉儲、銷售、金融等企業形成業務聯繫、利益相關的產業鏈。成員企業憑藉相互信用支持，得到銀行融資等金融服務。供應鏈金融是隨著物流企業的逐步發展而成熟的，是物流服務向價值鏈的其他環節，如提供採購、銷售、交易、電子商務、金融等延伸而衍生的金融服務。這些服務都是在物流企業提供物流服務的基礎上拓展而形成。可以說，供應鏈融資是物流金融的一個方面，主要從供應鏈的角度將資金流引入其中。銀行在供應鏈融資中所從事的金融服務是供應鏈融資的組成部分，稱之為「物流銀行」。銀行和供應鏈各環節上的企業是業務與利益的相關方，其中核心企

業或銀行與其他企業保持一定的信用關係，銀行憑藉核心企業的信用或擔保的支持對其融資，然後核心企業向其他成員企業放款。供應鏈融資及其操作模式與運作技術在解決中小企業融資難問題方面具有優勢，為中小企業緩解缺乏融資抵押物和融資擔保等困境提供了良好機遇。

（2）供應鏈融資把中小企業納入其服務範圍。

供應鏈融資發端於物流企業。現代物流企業聯繫面廣，它們不僅僅從事倉儲和運輸等傳統運輸業務，而且延伸到採購、銷售、交易、電子商務、金融等衍生服務，與供應、生產、銷售、貿易、金融等企業產生業務往來，而後者不但有大企業，還有許多中小企業。在貨幣經濟時代，這一切業務活動都離不開貨幣金融服務，以致由物流企業衍生的業務鏈形成供應鏈融資。供應鏈把從事採購、生產、銷售等中小企業的資金流和物流納入其中，核心企業、上下游中小企業整合為供應鏈企業整體。簡單地說，就是銀行將核心企業及其上下游企業聯繫在一起，提供靈活運用的金融產品和服務。供應鏈融資是推進供應鏈整合、提高整個供應鏈資金使用範圍與效率的重要措施，對解決企業包括中小企業的融資困境和提高供應鏈競爭能力具有很大的作用。

（3）供應鏈融資可以盤活中小企業資產。

供應鏈融資是核心企業與銀行間達成的一種面向供應鏈所有成員企業的系統性融資安排。供應鏈融資可通過採購鏈融資、生產鏈融資和銷售鏈融資來盤活企業資產，解決抵押物匱乏和擔保難問題而取得銀行融資。

（4）採購鏈融資。

採購鏈處於供應鏈的前端，是生產的準備階段，這一階段工作的價值需要通過生產和銷售階段來實現，因而更具有不確定性。這就要求本階段所採用的融資方式要麼採用擔保或抵押，要麼資金供應方對融資方有充分的瞭解，才能達到降低不確定性的要求。這種運作模式主要解決商品或服務採購階段的資金短缺問題。該模式的具體操作方式是由第三方物流企業或核心企業提供擔保，銀行等金融機構向中小企業墊付貨款，以緩解中小企業的貨款支付壓力。之後由中小企業直接將貨款還給銀行。其中，第三方物流企業扮演的角色主要是信用擔保和貨物監管。一般來說，物流企業對供應商和購貨方的營運狀況都相當瞭解，能有效防範信用擔保的風險，同時也解決了銀行等金融機構風險控制問題。

（5）生產鏈融資。

生產鏈融資的特點是充分利用企業生產經營過程中的存貨和固定資產進行融資。對於中小企業而言，其意義主要體現在盤活固定資產和存貨、解決資金

短缺問題。對於資金供應者而言，其意義在於擴大業務規模並創新業務。這種運作模式主要針對中小企業營運階段。處於供應鏈下游的中小企業，有時也需要向上游核心大企業預付帳款。對短期資金流轉困難的中小企業來說，則可運用保兌倉業務對某筆專門的預付帳款進行融資，從而獲得銀行短期信貸支持。

（6）銷售鏈融資。

供應鏈銷售階段是供應鏈中靠後的階段。一方面，其貿易的真實可靠程度比較高，可作為擔保的實物和產品也比較多，風險相對較低，從而導致大多數資金供應者願意在此階段供應資金。另一方面，各中小企業由於賒銷而出現的資金缺口也急需得到補償，因而資金的需求也比較旺盛。這種模式主要針對企業商品銷售階段。由於應收帳款是絕大多數正常經營的中小企業都具備的，這一模式解決中小企業融資問題的適用面非常廣。在該融資模式下，債權企業（中小企業）、債務企業（核心大企業）和銀行都要參與其中，且債務企業在整個運作中起著反擔保的作用，一旦融資企業出現問題，債務企業也將承擔彌補銀行損失的責任。在上述融資活動過程中，中小企業原有的可抵押資產形態基本沒有變動，但有了供應鏈融資服務後，處於採購、生產、銷售、貿易等各環節的企業的各種形式資產得到充分利用並提高使用效率，具備了抵押物資格。利用動產質押授信和應收帳款票據融資等各種金融工具盤活企業存貨和應收帳款，在相當程度上克服了中小企業缺少融資抵押物和融資擔保問題。

3.2.2.2 供應鏈融資模式

（1）應收帳款融資模式。

以未到期的應收帳款向金融機構辦理融資的行為，稱為應收帳款融資。下文將圍繞供應鏈上的上游企業和下游企業，以及參與應收帳款融資的金融機構，來設計應收帳款融資模式，如圖3-1所示：

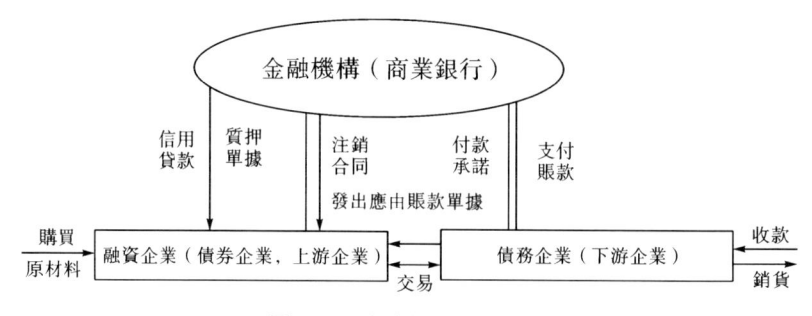

圖 3-1 應收帳款融資模式

基於供應鏈金融的應收帳款融資，一般是為處於供應鏈上游的債權企業融資。債權企業、債務企業（下游企業）和銀行都要參與其中，且債務企業在整個運作中起著反擔保的作用，一旦融資企業出現問題，債務企業將承擔彌補銀行損失的責任，這樣銀行進一步有效地轉移和降低了其所承擔的風險。另外，在商業銀行同意向融資企業提供信用貸款前，商業銀行仍要對該企業的風險進行評估，只是更多地關注下游企業的還款能力、交易風險以及整個供應鏈的運作狀況，而並非只針對中小企業本身進行評估。應收帳款融資使得融資企業可以及時地獲得商業銀行提供的短期信用貸款，不但有利於解決融資企業短期資金的需求，加快中小企業健康穩定地發展和成長，而且有利於整個供應鏈的持續高效運作。

（2）保兌倉融資模式。

在供應鏈中處於下游的企業，往往需要向上游供應商預付帳款才能獲得企業持續生產經營所需的原材料、產成品等。對於短期資金流轉困難的企業，可以運用保兌倉業務對其某筆專門的預付帳款進行融資，從而獲得銀行的短期信貸支持。保兌倉業務，是在供應商（以下稱賣方）承諾回購的前提下，融資企業（以下稱買方）向銀行申請以賣方在銀行指定倉庫的既定倉單為質押的貸款額度，並由銀行控制其提貨權為條件的融資業務。保兌倉業務適用於賣方回購條件下的採購，其基本業務流程設計如下圖 3-2 所示。

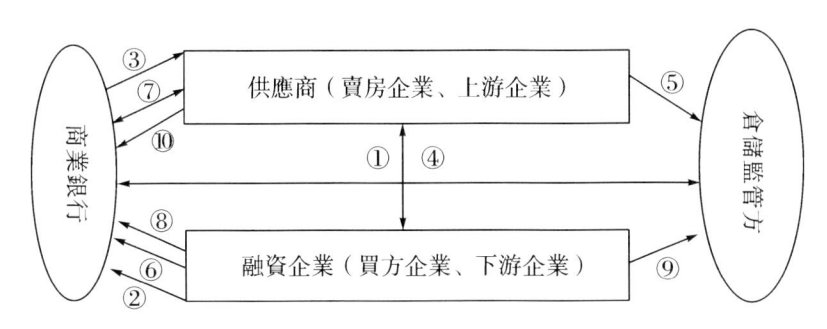

圖 3-2 保兌倉業務基本流程

保兌倉業務除了需要處於供應鏈中的上游供應商、下游製造商（融資企業）和銀行參與外，還需要倉儲監管方參與，主要負責對質押物品的評估和監管。保兌倉業務需要上游企業承諾回購，進而降低銀行的信貸風險。融資企業通過保兌倉業務獲得的是分批支付貨款並分批提取貨物的權利，因而不必一次性支付全額貨款，有效緩解了企業短期的資金壓力。保兌倉業務實現了融資企業的槓桿採購和供應商的批量銷售，同時也給銀行帶來了收益，實現了多贏

的目的。它為處於供應鏈節點上的中小企業提供融資便利，有效解決了其全額購貨的資金困境。另外，從銀行的角度分析，保兌倉業務不僅為銀行進一步挖掘了客戶資源，同時開出的銀行承兌匯票既可以由供應商提供連帶責任保證，又能夠以物權作擔保，進一步降低其所承擔的風險。

（3）融通倉融資模式。

存貨融資是企業以存貨作為質押向金融機構辦理融資業務的行為。當企業處於支付現金至賣出存貨的業務流程期間時，企業可以採用存貨融資模式。所謂融通倉，是指第三方物流企業提供的一種金融與物流集成式的創新服務，它不僅可以為客戶提供高質量、高附加值的物流與加工服務，還能為客戶提供間接或直接的金融服務，以提高供應鏈的整體績效以及客戶的經營和資本運作的效率。其基本業務設計如圖3-3所示。

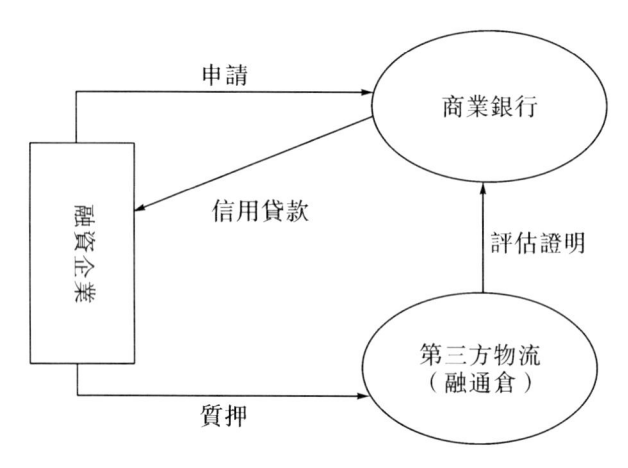

圖3-3　融通倉業務基本流程

基於供應鏈金融的思想，中小企業採用融通倉業務融資時，銀行重點考查的是企業是否有穩定的存貨、是否有長期合作的交易對象以及整個供應鏈的綜合運作狀況，並以此作為授信決策的重要依據。另外，融通倉業務引進了第三方物流企業，負責對質押物驗收、價值評估與監管，並據此向銀行出具證明文件，協助銀行進行風險評估和控製，進一步降低銀行的風險，提高銀行信貸的積極性。另外，商業銀行也可根據第三方物流企業的規模和營運能力，將一定的授信額度授予物流企業，由物流企業直接負責融資企業貸款的營運和風險管理，這樣既可以簡化流程，提高融資企業的產銷供應鏈運作效率，同時也可以轉移商業銀行的信貸風險，降低經營成本。融通倉業務開闢了中小企業融資的新渠道。在供應鏈的背景下，通過融通倉業務，中小企業可以將以前銀行不太

願意接受的動產轉變為其願意接受的動產質押品，從而架設銀行與企業之間資金融通的新橋樑。

3.3　供應鏈金融背景下的銀行信貸機制問題

　　中國銀行業一直都存在較為嚴重的信貸問題，在信息不對稱下產生的逆向選擇和道德風險，導致商業銀行出現了「惜貸」現象，引發了中小企業融資困難等問題。同時，信貸配給問題也一直存在於金融市場。信貸配給是指在固定利率條件下，面對超額的資金需求，銀行因無法或不願提高利率，而採取一些非利率的貸款條件，使部分資金需求者退出銀行借款市場，以消除超額需求而達到平衡。

　　就目前銀行的信貸情況來看，中國持續寬鬆的貨幣政策使得2016年一季度當季新增貸款史無前例地增至4.61億元，社會融資規模也創出6.59萬億元的歷史新高水平，而同期中國GDP增速僅6.7%。信貸規模雖然大幅度增加，但是企業的融資成本在2016年第一季度依然增加了，2016年3月非金融企業及其他部門貸款加權平均利率為5.3%，較前三個月上升3個基點，結束了近兩年的下降趨勢。此外，62%的銀行貸款利率高於基準利率，較前三個月高出1.63個百分點，利率等於或低於基準利率的銀行貸款占比則開始下降。

　　那麼，供應鏈的出現究竟對銀行信貸有何影響？下面本書將對供應鏈背景下銀行信貸機制問題進行探討，試圖構建一個三方博弈模型來描述核心企業、銀行、中小企業三者之間的關係。

　　Chowdhury等人（2015）[135]和Ibe等人（2015）[136]指出，無論在發展中國家還是發達國家，相較於大型企業，中小企業都較難獲得外部融資。Sleuwaegen、Goedhuysa（2002）[137]指出，中小企業在基礎設施和金融服務上的獲取不充分使其受到強烈傷害。根據義大利中小企業數據，Rossi（2014）[138]認為，資金缺乏是中小企業成長的重要障礙之一，大部分中小企業仍然遭受長期的、融資渠道上的結構性困難。

　　根據以往的研究，包括Stiglitz、Weiss（1981）[32]、Abdullah、Manan（2011）[31]、Beck、Demirguc-Kunt（2006）[139]在內的學者認為，信息不對稱是導致中小企業融資約束的關鍵性因素。Stiglitz、Weiss（1981）[32]通過設計一個框架向人們表明，信息不對稱是中小企業融資約束的真正根源。Cassar等人（2015）[140]認為，與大型企業相比，由於信息不對稱的存在，中小企業必須承

擔更高的交易成本。同時，大量文獻一直致力於從宏觀和微觀兩個角度研究能夠緩解信息不對稱的研究方法。Comeig 等人（2015）[141]的結論是，與銀行維持長期且多渠道的溝通可以減少銀行與中小企業之間的信息不對稱，從而有助於緩解中小企業的融資約束。同樣，也有大量學者在討論如何從中觀角度來緩解中小企業的融資約束，例如 Fisman 和 Love（2003）[39]、Burkart 和 Ellingsen（2004）[40]、Buzacott 和 Zhang（2004）[41]。

根據實證研究，供應鏈中核心企業的引入可以降低中小企業與銀行之間的信息不對稱，從而有助於緩解中小企業融資難的問題。Chang 和 Deng（2014）[142]對中國供應鏈金融產業的調研發現，由於中國商業銀行的借貸款偏好問題，中國供應鏈金融的發展瓶頸主要集中在供應側，缺乏資金的供應嚴重限制了供應鏈的發展。同時，由於核心企業多為國有企業，缺乏競爭導致供應鏈管理意識匱乏，缺乏核心企業導致供應鏈金融在中國難以獲得有效的發展。Chen 和 Murata（2016）[143]則認為銀行需要對融資企業的財務指標加強靜態信用評估，運用「The main + Debts」方法監測融資核心企業，同時應考慮整個融資環境的穩定性，避免選取在突發狀況下不能保證市場價值的擔保品。

Yi 和 Zhou（2012）[144]使中小企業和銀行的相互影響中核心企業的影響具體化，但在他們的模型中，供應鏈中核心企業的行為仍是外生決定的。Zhao 和 Duan（2016）[145]通過構造由供應商、零售商和第三方電商平臺組成的博弈理論模型，根據供應鏈中的協調活動指出協作機制並分析能夠幫助相關企業做出最優決策的因素。Yan 等（2016）[146]則設計由製造商、零售商和商業銀行構成的供應鏈金融系統，規劃以銀行為主要角色的二層斯塔克伯格模型，通過研究經營決策和財務決策的相互依賴性，並分析局部信用保證合約的協調條件，發現借助合適的保證系數，局部信用保證合約（Partial Credit Guarantee，PCG）得以實現利潤最大化和渠道協同，發揮大協調效應。

3.3.1 預備知識

我們考慮供應鏈中的核心企業（供應商）與上游和下游中小企業（零售商）。為了便於我們對供應鏈背景下信貸機制問題的分析，做出如下假設：

假設 3-1：受 Spence（1973）[147]以及 Liu、Fry 和 Raturi（2009）[148]的啓發，我們假設中小企業被分為兩個類型，即 H 和 L，其中 H 代表高質量中小企業，L 代表低質量中小企業。類型為 i（$i \in \{H, L\}$）的中小企業，面臨外生的產品價格 P 及隨機需求 ε/θ_i，其中 $\varepsilon \sim U[0, a]$。隨機變量 ε 的分佈函數和密度函數分別為 $F(x)$ 和 $f(x)$。進一步假設 $\theta_H < \theta_L$，易得 $\frac{\varepsilon}{\theta_H} \underset{FSD}{\geq} \frac{\varepsilon}{\theta_L}$，即

類型為 H 的中小企業比類型為 L 的中小企業有更好的市場表現。

假設 3-2：核心企業以單位成本 c 向中小企業供貨。由於核心企業與中小企業有長期的合作關係，我們假定核心企業完全瞭解中小企業所屬類型。核心企業基於該類型的中小企業制定相應的批發價格 ω_i，然後中小企業基於批發價格確定訂貨量。核心企業與中小企業之間的博弈可視為 Stackelberg 博弈，其中核心企業具有先動優勢。

假設 3-3：為了方便起見，我們假設中小企業沒有自有資金，所有的資金通過外部融資獲得。由於訂貨量的限制，僅從銀行獲得貸款 K。銀行決定貸款利率 r，$0 < r < 1$。銀行在最大違約概率 β 的信用風險約束下最大化自身利潤。

根據 Wang（2012）[149] 的研究，銀行通常不能滿足中小企業對資金的需求。為了彌補資金缺口，中小企業需要向非正規金融機構借款，假設借款成本為 λ，$r < \lambda$，$c(1+\lambda) < \omega_i(1+\lambda) < p$。

3.3.2 模型與假設

在本節中，我們將構建一個三方博弈模型，在完全信息和不完全信息下討論核心企業、中小企業和商業銀行的決策。

3.3.2.1 完全信息下的三方博弈

假設 3-4a：銀行對核心企業和中小企業具有完全信息，它能識別中小企業類型，並基於中小企業的類型確定貸款利率 r_i。

根據假設，對於類型為 k_i 的中小企業，有市場需求的閾值 $q_i^0 = \varepsilon_i / \theta_i$。若真實的需求 q_i 達到 q_i^0，即 $K(1+r_i) + (\omega_i q_i - K)(1+\lambda) = \dfrac{p\varepsilon_i}{\theta_i}$。若真實的需求 q_i 小於 q_i^0，中小企業的收益無法覆蓋融資成本，將導致破產。

中小企業的收益為：

$$\pi r_i = p\int_{\varepsilon_i}^{q_i\theta_i} \frac{x}{\theta_i} f(x)\,dx + p\,q_i \int_{q_i\theta_i}^{x} f(x)\,dx$$

$$\quad -[K(1+r_i)+(\omega_i q_i - K)(1+\lambda)][1-F(\varepsilon_i)]$$

$$= p\,q_i[1+F(q_i\theta_i)-F(\varepsilon_i)] - \frac{p}{\theta_i}[\varepsilon_i + \int q_i\theta_{i0} F(x)\,dx - \int \varepsilon_{i0} F(x)\,dx] \qquad (3-1)$$

對於核心企業而言，並沒有賒銷行為，因此，無需承擔隨機需求所帶來的風險。核心企業的期望收益為：

$$\pi s_i = (\omega_i - c)q_i \qquad (3-2)$$

根據假設 3-2，中小企業將在給定批發價格後選擇訂貨量，從而最大化其

利潤，即 $\partial \pi r_i / \partial q_i = 0$。

$$pa(1-p) + K\theta_i(r_i - \lambda)[p - \omega_i(1+\lambda)] = q_i \theta_i [p + \omega_i(1+\lambda)]^2 \quad (3-3)$$

其中：$$q_i = \frac{pa(1-p) + K\theta_i(r_i - \lambda)[p - \omega_i(1+\lambda)]}{\theta_i [p + \omega_i(1+\lambda)]} \quad (3-4)$$

核心企業對中小企業有完全信息，其在預測中小企業訂貨量後選擇對中小企業的批發價格。將式（3-4）帶入到式（3-2），結合 $\partial \pi s_i / \partial \omega_i = 0$ 可以得到：

$$\omega_i^* = \frac{(p + 2c\varphi)(p\xi_i + \delta)^2}{\varphi(2p\xi_i + 2c\varphi\xi_i + \delta)} \quad (3-5)$$

其中，$\varphi = 1 + \lambda$，$\xi_i = K\theta_i(r_i - \lambda)$，$\delta = pa(1 - pa)$。

將式（3-5）帶入到式（3-4）中可以得到：

$$q_i^* = \frac{(2p\xi_i + 2c\varphi\xi_i + \delta)(p\xi_i + \delta)^2}{(3p^2\xi_i + 2p\delta + 4cp\varphi\xi_i + 2c\varphi)^2} \quad (3-6)$$

定理 3-1：中小企業的訂貨量隨著銀行利率的增加而降低，而核心企業的批發價格隨著銀行利率的增加而增加。

證明：既然 $\partial\varphi/\partial r_i = \partial\delta/\partial r_i = 0$，$\partial\xi_i/\partial r_i = K\theta_i$ 以及 $\xi_i < 0$，我們對式（3-5）和式（3-6）進行一階微分可以得到 $\partial\omega_i^*/\partial r_i > 0$ 和 $\partial q_i^*/\partial r_i < 0$，證畢。

定理 3-1 說明，當利率上漲時意味著中小企業的融資成本增加，中小企業將降低訂貨量，避免因為隨機需求所導致的風險。另外，當核心企業面臨較低的訂貨量時，將會提高批發價格以保證利潤。該結論與 Tang 和 Mus（2011）[150] 的結論一致。

值得一提的是，這裡的 K 被解釋為銀行向中小企業設定的「融資門檻」。現實中，銀行一般設定較高的門檻值，但提供低利率。而非銀行金融機構通常門檻較低，但利率較高。從定理 3-1 中我們易得到 $\partial\omega_i^*/\partial K > 0$ 和 $\partial q_i^*/\partial K < 0$。該結論在某種程度上支持了 Beck 等（2011）[151] 的結論，即銀行降低對中小企業的門檻值能夠促進產業鏈的發展。

此外，根據假設 3-3，銀行在違約率 β 的約束下選擇利率為最大化其收益。

$$\max_{r_i} K(1 + r_i)$$

$$s.\ t.\ Pr\left(K(1 + r_i) \geq \frac{p\varepsilon}{\theta_i}\right) \leq \beta \quad (3-7)$$

解決上面最大化問題，我們有：

$$r_i^* = \frac{ap\beta}{K\theta_i} - 1 \qquad (3-8)$$

（3-8）式給出了銀行的最優利率政策，從（3-8）式中可以看出最優利率由中小企業的類型決策，即：$r_i^* = r(\theta_i)$，$i \in \{H, L\}$。

定理 3-2：在給定的利率下，類型為 L 的中小企業比類型為 H 的中小企業具有更高的信用風險。

證明：給定利率 r，類型為 i 的企業違約概率為 $Pr\left(K(1+r) \geq \frac{p\varepsilon}{\theta_i}\right)$，即 $Pr\left(\varepsilon \leq \frac{K\theta_i(1+r)}{p}\right)$。假設 1 中有 $\theta_H < \theta_L$，意味著 $\frac{K\theta_H(1+r)}{p} < \frac{K\theta_L(1+r)}{p}$，也就是說 $Pr\left(\varepsilon \leq \frac{K\theta_H(1+r)}{p}\right) < Pr\left(\varepsilon \leq \frac{K\theta_L(1+r)}{p}\right)$。定理 3-2 可證。

定理 3-2 說明了中小企業類型與其信用風險之間的關係。從這層意義上來說，篩選中小企業的類型對於銀行控製風險而言尤為重要。根據假設 3-1，類型為 H 的中小企業比類型為 L 的中小企業市場質量更好。同時，定理 3-2 也視為 Lafferty 和 Goldsmith（2004）[152]結論的補充，即中小企業的信用風險影響其質量。

推論 3-1：類型為 H 的中小企業相比類型為 L 的中小企業而言，會獲得更高的訂貨量以及較低的批發價格。

$$\frac{\omega_H^*}{\omega_L^*} = \frac{(p\xi_H + \delta)(2p\xi_L + 2c\varphi\xi_L + \delta)}{(p\xi_L + \delta)(2p\xi_H + 2c\varphi\xi_H + \delta)} \qquad (3-9)$$

由於 $\theta_H < \theta_L$，結合式（3-8）我們得到 $\xi_L < \xi_H$，帶入到式（3-9）中有 $\omega_H^* < \omega_L^*$。再將 $\xi_i = K\theta_i(r_i - \lambda)$ 帶入到式（3-6）可以得到：

$$q_i^* = \frac{(4p\beta N - 2\psi_i N + \delta)(2p^2\beta + \delta - \psi_i)^2}{(2p^2\beta M + 2\delta N - pM\psi_i)^2} \qquad (3-10)$$

其中，$N = p + c\varphi$，$M = 3p + 4c\varphi$，$\psi_i = K(1+\lambda)\theta_i$。

因此，最佳的訂貨量 q_i^* 取決於中小企業的類型，即可以表示為 $q^*(\theta_i)$。從式（3-10）中可以得出 $\partial \psi_i / \partial \theta_i > 0$ 以及 $\partial q^*(\theta_i)/\partial \psi_i < 0$，很容易得到 $\partial q^*(\theta_i)/\partial \theta_i < 0$。結合假設 3-1，我們知道 $q_H^* > q_L^*$，推論 3-1 即可得到證明。

進一步得到 $\pi s_H / \pi s_L > 1$ 及 $\pi r_H / \pi r_L < 1$。意味著類型為 L 的中小企業比類型為 H 的中小企業獲得更高的利潤。另外，與類型為 H 的中小企業合作的核心企業比與類型為 L 的中小企業合作的核心企業擁有更高利潤。這也說明了在供應鏈中低信用風險中小企業給合作夥伴帶來更高價值。

3.3.2.2 不完全信息下的三方博弈

接下來，我們將介紹核心企業、中小企業和銀行的三方決策基本框架。就完全信息而言，銀行能夠識別中小企業的類型，從而基於中小企業的類型而決定利率。然而現實中銀行與中小企業的信息不對稱普遍存在。一些文獻指出，信息不對稱是造成中小企業融資難的主要原因（Petersen、Rajan，1994[153]；Berger、Schaeck，2011[154]）。在這節，我們將描述三方博弈問題，說明核心企業在消除銀行與中小企業信息不對稱方面所起的關鍵作用。

假設3-4b：銀行不能觀測中小企業的類型 i 及訂貨量，僅知道核心企業對中小企業的批發價格。銀行對中小企業是類型 i 的先驗認識為 μ_i，$i \in \{H, L\}$，其中 $\mu_H + \mu_L = 1$。當銀行觀測到核心企業給中小企業的批發價格後將根據貝葉斯法則更新其先驗概率。

$$\alpha(i \mid \omega) = \frac{\rho_i(\omega)\mu_i}{\sum_{i=L,H} \rho_i(\omega)\mu_i} \tag{3-11}$$

$\rho_i(\omega)$ 表示核心企業面對類型為 i 的中小企業確定批發價格 ω 的概率。

假設3-4b指出銀行不能識別中小企業的類型 i，但能通過信號 ω 甄別中小企業。就信息不對稱而言，銀行的利率政策是一種混合策略。

$$r = r_L^* \alpha(L \mid \omega) + r_H^* \alpha(H \mid \omega) \tag{3-12}$$

其中，r_i^* 由式（3-8）給出。

我們假設商業銀行具有議價的主導權。(3-8) 式中 $r_H^* > r_L^*$ 表明對於商業銀行而言，類型為 H 的中小企業具有更高的價值。為了獲取低息貸款，類型為 H 的中小企業有偽裝成類型為 L 的動機。

由於核心企業對中小企業有完全信息，根據（3-4）式，當利率是外生給定時，訂貨量與批發價格的關係可以用（3-13）式給出：

$$q = \frac{pa(1-p) + K\theta_i(r-\lambda)[p - \omega(1+\lambda)]}{\theta_i[p + (1+\lambda)]^2} \tag{3-13}$$

當 $\omega > 0$ 時，通過（3-13）中的訂貨量公式我們可以直接得出如下引理：

引理：當 $a(1-p) > 2(K\theta_i\varphi - ap\beta)$ 時，對於任意類型的中小企業，給定銀行貸款利率，其批發價格由訂貨量唯一決定，記為 $\omega(r; \theta_i; q)$，且批發價格隨著訂貨量的增加而減少，即 $\partial\omega(r; \theta_i; q)/\partial q < 0$。

在引理中，$a(1-p) > 2(K\theta_i\varphi - ap\beta)$ 作為一個技術性條件簡化了下文中對非完全信息下博弈均衡的討論。當 $a(1-p) > 2(K\theta_i\varphi - ap\beta)$ 不能滿足時，銀行的信念將依賴於 θ_H 和 θ_L 的具體取值，並分段對信號 ω 進行反應，不能得到一致的結論。在本書後續的討論中，將不加說明地默認該技術條件成立。

如果類型為 H 的企業偽裝成類型為 L 的企業，並偽裝成功的話，其批發價格 $\hat{\omega}_H$ 和訂貨量 $\hat{q}_H$ 分別為：

$$\hat{\omega}_H = \frac{(p+2c\varphi)\delta\theta_L + (p+3c\varphi)p\theta_H\tau_L}{\varphi\delta\theta_L + 3(p-c\varphi)\varphi\theta_H\tau_L} \quad (3-14)$$

$$\hat{q}_H = \frac{[\varphi\delta\theta_L+3(p-c\varphi)\varphi\theta_H\tau_L][\varphi\delta2\theta_L^2+(3p\varphi-3c\varphi^2+p\lambda-2c\varphi)\theta_H\theta_L\delta\tau_L+(p+3c\varphi)p\theta^2\tau^2_L]}{\theta_H[(p+p\varphi+2c\varphi)\theta_L\delta+(p+3p\varphi-3c\lambda\varphi)p\theta_H\tau_L]^2}$$

(3-15)

其中，$\tau_L = ap\beta - K\varphi\theta_L$。

比較式 (3-15) 和式 (3-6) 可以得出：

$$\hat{q}_H > q_H \quad (3-16)$$

定理 3-3：存在一個訂貨量 $\tilde{q} < \hat{q}_H$，使得類型為 H 的中小企業在利率 r_L^* 下的期望利潤與利率 r_H^* 下的期望利潤一致。

證明：在利率為 r 時，從定理 3-1 中的分析可以知道，類型為 H 的中小企業的最大利潤率大於類型為 L 的中小企業的最大利潤率。特別地，當 $r = r_L^*$ 時，我們有 $\pi r_H(\hat{q}_H; \hat{\omega}_H; r_L^*) > \pi r_L(q_L; \omega_L; r_L^*)$，其中 $\pi r_H(q_H; \omega_H; r_H^*)$ 和 $\pi r_L(q_L; \omega_L; r_L^*)$ 分別是在利率為 r_L^* 條件下，類型為 H 和 L 企業的最大利潤率。從推論 1 中我們又可以得出類型為 L 的企業比 H 企業有更高的利潤，即 $\pi r_L(q_L;\omega_L;r_L^*) > \pi r_H(q_H;\omega_H;r_H^*)$，因此 $\pi r_H(\hat{q}_H;\hat{\omega}_H;r_L^*) > \pi r_L(q_H;\omega_H;r_H^*)$。由於中小企業的利潤率是關於其訂貨量的連續函數，且 $\pi r_H(0;\hat{\omega}_H;r_L^*) = 0$，根據引理可以得到 $\pi r_H(\tilde{q}_H;\hat{\omega}_H;r_L^*) = \pi r_H(q_H;\omega_H;r_H^*)$，定理 3-3 證明完畢。

從定理 3-3 我們發現，中小企業利潤與訂貨量的關係（見圖 3-4），並結合引理中批發價格和訂貨量的關係，我們得出推論 3-2。

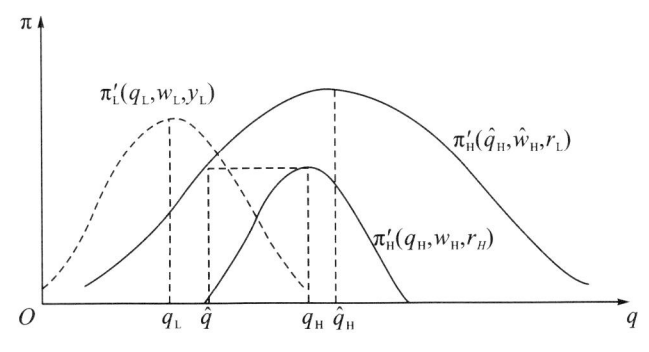

圖 3-4　中小企業的利潤和訂單數量之間的關係

推論 3-2：當 $\tilde{q} > q_L$ 時，存在完美貝葉斯均衡。如果 $\omega \leq \omega(r_L^*; \theta_H; \tilde{q})$ 時，$\alpha(H|\omega) = 1$；如果 $\omega > \omega(r_L^*; \theta_H; \tilde{q})$ 時，$\alpha(H|\omega) = 0$。

在完美貝葉斯均衡裡，中小企業的最優化將基於銀行信念。若中小企業類型是 H，中小企業將選擇訂貨量 $q_H > \tilde{q}$；若中小企業類型是 L，中小企業將選擇訂貨量 $q_L < \tilde{q}$。在該均衡裡，銀行的信念與中小企業的最優行為一致。推論 2 也表明，當 $\tilde{q} > q_L$，有多重分離的完美貝葉斯均衡。

本書構建了不同信息結構下的三方博弈框架。在框架構建中，不確定性來源於市場需求。就完全信息情形而言，Stackelberg 博弈用來刻畫核心企業和中小企業的互動關係。中小企業的訂貨量、核心企業的批發價格及銀行利率分別是模型的決策變量，內生決定的。在不完全信息情形中，引理中的技術性條件確保了核心企業和中小企業與銀行的信念一致，不會偏離 Stackelberg 均衡。

從推論 3-2 以及之前的分析中我們可以推斷混合均衡是有可能的。即當 $\tilde{q} < q_L$ 時，兩種類型企業都會選擇訂貨量為 q_L。根據引理，商業銀行會觀測信號 $\omega(q_L)$，此時 $\alpha(i|\omega) = \mu_i$，$i \in \{H, L\}$，$r = r_L^* \mu_L + r_H^* \mu_H$，商業銀行不能通過式（3-12）所給出的混合利率政策區分中小企業的類型。現在我們忽略式（3-12）所給出的利率政策，並假定商業銀行可以通過不同的利率 $\hat{r}_H$ 和 $\hat{r}_L$ 區分企業類型，那麼根據 Mirrlees（1971）[155] 的研究，我們可以得到定理 3-4。

定理 3-4：銀行可以通過滿足以下條件的 $\hat{r}_i$，$i \in \{H, L\}$ 甄別中小企業的類型。

$$\zeta_i + q_i \omega_i \theta_i \varphi > \bar{\zeta}_i + \bar{q}_i \bar{\omega}_i \theta_i \varphi \tag{3-17}$$

其中，$\zeta_i = K\theta_i(r_i - \lambda)$，$\bar{\zeta}_i = K\theta_i(r_j - \lambda)$，$i, j \in \{H, L\}$，且 $i \neq j$。q_i、ω_i 和 $\bar{q}_i$、$\bar{\omega}_i$ 表示類型為 i 分別在利率 r_i 和 r_j 下的核心企業和中小企業的最優表現。

證明：和 3.3.1 節討論的一樣，由式（3-5）和式（3-6）得：

$$q_i = \frac{(2p\zeta_i + 2c\varphi\zeta_i + \delta)(p\zeta_i + \delta)^2}{(3p^2\zeta_i + 2p\delta + 4cp\varphi\zeta_i + 2c\varphi\delta)^2} \tag{3-18}$$

$$\omega_i = \frac{(p + 2c\varphi)(p\zeta_i + \delta)}{\varphi(2p\zeta_i + 2c\varphi\zeta_i + \delta)} \tag{3-19}$$

$$\bar{q}_i = \frac{(2p\bar{\zeta}_i + 2c\varphi\bar{\zeta}_i + \delta)(p\bar{\zeta}_i + \delta)^2}{(3p^2\bar{\zeta}_i + 2p\delta + 4cp\varphi\bar{\zeta}_i + 2c\varphi\delta)^2} \tag{3-20}$$

$$\bar{\omega}_i = \frac{(p + 2c\varphi)(p\bar{\zeta}_i + \delta)}{\varphi(2p\bar{\zeta}_i + 2c\varphi\bar{\zeta}_i + \delta)} \tag{3-21}$$

對於中小企業而言，將式（3-18）至式（3-21）帶入到邊際效用函數

中，我們可以得到類型為 i 的企業在利率為 r_i 和 r_j 下的最大利潤為 $\pi r_i(q_i;\omega_i;r_i)$ 和 $\pi r_i(q_i;\omega_i;r_j)$。如果滿足式（3-17），則類型為 i 的中小企業激勵約束為：

$$\pi r_i(q_i;\omega_i;\bar{r}_i) > \pi r_i(q_i;\omega_i;\bar{r}_j) \qquad (3-22)$$

這表明類型為 i 的企業將會選擇利率為 $\bar{r}_i$，定理4證明完畢。

定理3-4給出了銀行提供滿足約束條件的兩種不同利率，基於此不同類型中小企業的選擇將會被分離。因此，銀行若在供應鏈背景下給中小企業貸款時，可以甄別中小企業類型。這種機制的設計不僅控製了銀行的信用風險，同時減輕了中小企業的信貸約束。

3.3.3 研究結論

中小企業在國民經濟發展中起著重要的作用，但信息不對稱從根本上阻礙了中小企業與商業銀行的聯繫。與中小企業處於同一供應鏈上的核心企業能夠獲得比商業銀行更加全面的信息。因此商業銀行會借助核心企業去瞭解中小企業的更多信息。本書構建了中小企業、核心企業以及商業銀行的三方博弈模型，基於博弈模型的靜態分析，從緩解信息不對稱的機制進行研究，得到以下四個主要結果：第一，中小企業良好的融資環境將促進產業發展，提高整個產業鏈的價值；第二，中小企業信貸風險越低，其他節點企業在供應鏈中的價值越高；第三，核心企業能夠緩解中小企業與商業銀行之間的信息不對稱問題；第四，商業銀行可以通過不同的利率政策識別不同類型的企業。

本部分工作的主要創新在於：第一，我們構建了三方博弈模型，探討了供應鏈機制問題，該機制的探討有助於消除中小企業融資約束；第二，通過對供應鏈中核心企業、中小企業和銀行相互作用的研究，發現商業銀行可以通過利率手段識別和區分中小企業類型；第三，通過對三方博弈模型的研究進一步證實了所有供應鏈的參與者都會從供應鏈金融中收益。

我們通過引入假設簡化中小企業與核心企業、商業銀行之間的關係，同時保證任意一方不會偏離 Stackelberg 博弈均衡。但在現實中，中小企業與核心企業之間的關係可能受到來自信息結構等方面的影響，不同的信息結構會導致不同的經濟後果。因此，怎樣將更加複雜的信息結構引入到三方博弈模型中，是我們後續研究的方向。

4 供應鏈金融創新模式

4.1 供應鏈金融創新模式及其理論依據

4.1.1 供應鏈金融創新模式的背景

儘管現有供應鏈金融模式在降低銀企之間信息不對稱方面有所創新,但仍不能完全解決中小企業融資困境。國內以深發展、中信銀行等發展供應鏈金融業務的銀行僅從中小企業出發,開展存貨質押融資等業務。這些業務僅是抵質押物方面的創新和範圍的拓展,並沒有真正從供應鏈的角度思考業務開展[12]。另外,同銀行普通信貸一樣,供應鏈金融依然存在逆向選擇和道德風險。現有供應鏈金融中的擔保公司多為供應鏈之外的第三方擔保機構,外部擔保公司在解決融資擔保問題方面存在不足。首先,現有供應鏈金融在整體風險管理方面存在較多不確定因素[13]。中國擔保法制的缺失、擔保公司本身資信狀況、銀行與中小企業的博弈行為都會增加銀行的信用風險[14]。其次,在擔保機構和銀行在合作中,雙方處於嚴重的不對等地位,擔保機構成為銀行風險的轉嫁方[15],銀行往往要求擔保機構對中小企業的貸款承擔連帶責任,因此,擔保機構通常會提高中小企業的融資擔保成本作為其風險補償。最後,由於外部擔保公司對供應鏈上中小企業主營業務不熟,對抵押物範圍以及抵押物估值過於保守,中小企業獲批額度遠遠不能滿足自身發展的需要。

總體而言,現有供應鏈金融模式在其運作效率和風險管控等方面存在諸多不足,存在進一步優化的空間。Chang、Deng(2014)[142]發現,由於核心企業多為國有企業,缺乏競爭導致供應鏈管理意識匱乏,缺乏核心企業導致供應鏈金融在中國難以獲得有效的發展;第三方物流企業不能在供應鏈中為銀行等資金借出方提供有效的支持進行風險控製;信息技術在供應鏈金融中的應用不廣泛,供應鏈金融成本較大;司法不完善導致供應鏈金融無法獲得長足的發展。

More、Basu（2013）[13]認為，供應鏈各組成部分間之間缺乏共同的目標，金融交易存在延誤，缺乏自動化支付流程。本部分基於現有供應鏈金融模式不足，提出供應鏈金融新模式，以期進一步發揮核心企業的信息優勢，提高銀企之間的信任度，為供應鏈上中小企業能夠更加快捷、低成本地獲得融資提供幫助。

　　本書在現有供應鏈金融模式下，將外部擔保公司內化為供應鏈上核心企業的控股子公司。隨著金融市場的逐步開放，該模式還可以進一步延伸至金融控股集團，從而實現供應鏈上的金融生態①繁榮。Potts（1998）[156]首先將共生概念引入金融領域進行研究。國內學者何自力和徐學軍（2006）[157]對中國銀行與企業之間的共生關係做了實證研究，認為大型銀行與大型企業之間存在更加和諧穩定的金融共生關係。王千（2014）[158]對行業金融生態圈的研究表明，企業的金融生態圈不僅可以規避核心能力剛性風險，而且可以滿足多邊群體價值多元化轉移需求。

4.1.2　供應鏈金融創新模式

　　現有的供應鏈金融模式雖然在一定程度上緩解了中小企業的融資困境，但依然存在運作效率低以及風險管控不足等缺陷，信息不對稱性可以進一步優化（見圖4-1）。本書針對現有供應鏈金融存在的不足，提出供應鏈金融創新模式（圖4-2）。在創新模式下，擔保公司內化為核心企業的控股子公司。隸屬於核心企業的擔保機構通過核心企業的橋樑作用實現了與上下游中小企業間的信息雙向流動，較好地解決了信息不對稱問題。在供應鏈系統中，各企業間的關係更加接近，信用成本和信用風險進一步降低，上下游中小企業通過內部擔保公司從商業銀行得到的融資將更加便捷，融資成本更低，對抵押物的範圍進一步擴大，從而能夠進一步解決中小企業融資難、融資貴等問題。阿里巴巴、瀘州老窖集團等大型企業已經率先採取相似的模式，本書的研究將為中小企業供應鏈金融提供新的研究視角。

---

① 金融生態是各種金融組織為了生存和發展，與其生存環境之間及內部金融組織相互之間在長期的密切聯繫和相互作用過程中，通過分工、合作所形成的具有一定結構特徵、執行一定功能作用的動態平衡系統。

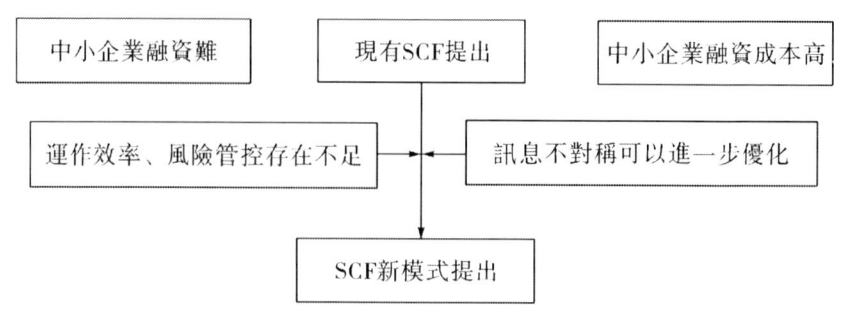

圖 4-1　供應鏈金融創新模式的提出

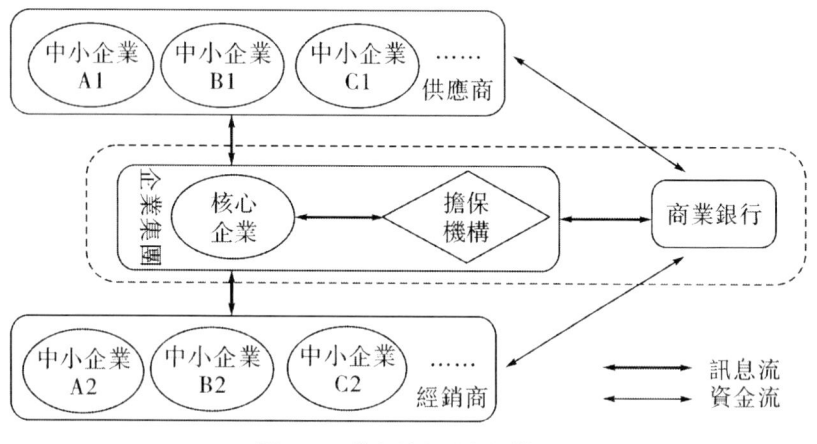

圖 4-2　供應鏈金融創新模式

4.2　供應鏈金融創新模式的理論依據

　　本書從關係的緊密性、信息的對稱性、信任的補償性及信用風險的可控性四個層面對創新模式進行了理論上的論證。其中關係的緊密性是指內部擔保模式拉近了擔保機構與中小企業之間的關係，讓供應鏈上企業更容易形成關係密集性群體；信息的對稱性是指在關係更加緊密的前提下，擔保公司與中小企業之間的信息更加通暢，信息不對稱問題可以進一步優化，借此緩解逆向選擇與道德風險問題；信任的補償性則是指建立在緩解信息不對稱的基礎上，銀行通過內部擔保機構，以核心企業為依託，對中小企業的信任進行補償，擴大授信額度；信用風險的可控性是指當擔保公司對上下游中小企業信息更加瞭解，與中小企業關係更加緊密時，可以動態監控中小企業違約風險，實現信用風險的

可控性。上述四個方面存在遞進關係，後者均以前者為基礎。

4.2.1 關係的緊密性

內部擔保模式的出現讓供應鏈上企業之間的關係更加緊密，這種關係的緊密既包括地理位置的接近，也包含社會關係的接近。不同經濟主體之間地理接近性、產業相關性和社會嵌入性結合起來促進了區域企業集群創新的實現。韋伯（1909）[159]在談論集聚經濟時指出，將具有某種內在聯繫的產業按一定規模集中佈局在特定地點，才能獲得最大限度的成本節約，即產業間的關聯性和企業間的互動關係是集聚經濟存在的一個必要條件。相比於外部擔保而言，內部擔保通過增強鏈上企業之間的關聯性，促進了擔保企業與供應鏈運作之間的協調，更容易形成關係密集性群體，可以更好地進行資源配置，同時也是本書提出的創新模式在中小企業融資方面發揮優勢的基礎。正如科爾曼（1994）[160]指出的，密集結構的社會網路保證了相互信任、規範、權威和制裁等制度的建立和維持，這些團結力可以保證能夠調動集群網路資源。

4.2.2 信息的對稱性

信息不對稱是導致中小企業融資難、融資貴的主要原因之一，也是制約供應鏈金融發展、降低供應鏈核心競爭力的重要因素。在嚴重的信息不對稱環境下，商業銀行一方面惜貸，另一方面提高利率，導致優質中小企業的資金需求得不到滿足，社會資源配置無效。供應鏈金融突破了商業銀行考察單個中小企業信用的模式，以供應鏈上核心企業為信用主體，以供應鏈的整體風險作為考核對象，為鏈上中小企業獲得低成本的融資提供方便。本書提出的創新模式在現有供應鏈金融模式基礎上進一步改進信息不對稱。內部擔保公司與核心企業同屬於企業集團，在利益方向上基本一致，不僅可以共享到與核心企業有關聯交易的上下游中小企業信息，同時在抵押物價值評估和行業風險管控方面更加專業、高效。因此，供應鏈金融創新模式進一步優化了信息不對稱的問題，避免因信息不對稱產生的逆向選擇和道德風險，從而更有效地緩解了中小企業融資難和融資貴的問題。

4.2.3 信任的補償性

在創新模式下，核心企業與中小企業關係更加緊密、信息對稱性進一步優化是中小企業獲得擔保機構和銀行信任的前提。信任作為一種重要的社會心理現象，雖然在經濟學和管理學領域還未受到廣泛重視，但是在企業融資方面卻

有十分重要的隱性作用。商業銀行對企業的信用度越高，企業獲得貸款越容易，配額也會越多。

Nooteboom（1997）[161]把信任分為非自利型信任和動機型信任。非自利型信任指一個企業願意同另一個企業合作，並相信後者不會濫用前者的信任，它建立在倫理道德、友誼、同情、親情的基礎上。動機型信任指一個企業會出於某種自利的動機同另一個企業合作，後者的自利動機也不會導致其尋找機會做有損於前者的事情。

在供應鏈金融創新模式中，核心企業與上下游供應商之間的信任屬於動機型，而與控股子公司（擔保公司）之間的關係則屬於非自利型。供應鏈的信任均衡在宏觀上與供應鏈的信任氛圍密切相關，良好的信任氛圍可以改善不信任關係，從而改進供應鏈的信任均衡。在現有供應鏈金融中，商業銀行與中小企業之間的信用傳遞為：中小企業→核心企業→外部擔保公司→銀行。其信任傳遞機制因外部擔保公司與核心企業的斷層而讓信用流通受阻。在創新模式下，核心企業控股子公司代替外部擔保公司，信任氛圍更加密切。從信任的傳遞機制上看，銀行通過內部擔保機構，對中小企業的信任進行補償，從而降低信任成本，給予其更多的資金支持。

4.2.4　信用風險的可控性

實際中，擔保公司通過有償出借自身信用、防控借款方（被擔保方）信用風險獲取經濟與社會效益，其中借款方信用額度受到其抵押物總價值的限制。在現有的供應鏈金融模式中，銀行除了考慮被擔保的中小企業信用風險外，還需考慮擔保公司本身的信用風險。如2014年7月6日，四川匯通信用融資擔保有限公司負責人跑路事件給整個四川擔保業及銀行業帶來巨大影響。而隸屬核心企業控股子公司的擔保公司卻相對安全甚多。一方面，核心企業所在企業集團在實業上具有較強的實力，因此，內部擔保公司較外部擔保公司更加穩定且信用風險更低。另一方面，內部擔保公司對供應鏈上下游中小企業的信息瞭解更為充分，關係更加緊密，在一定程度上動態監控了中小企業的違約風險。此外，處於供應鏈背景下的擔保公司更能準確、動態地評估抵押物的價值，擴大抵押物的範圍，提高抵押物的打折成數，從而最大額度地為供應鏈中小企業提供融資服務。

4.3 來自瀘州老窖集團的經驗證據

瀘州老窖集團下轄九大骨干子公司，業態涵蓋三大產業，成為融入經濟全球化的大型現代化企業集團。本書選取瀘州老窖集團為案例的原因有兩個：一是瀘州老窖集團實施「雙輪驅動」戰略，即形成酒業和參與金融產業雙輪驅動戰略格局，實現由產品經營向資本與產業經營相結合的轉變；二是瀘州老窖集團設有擔保公司、小貸公司等，形成了完善的金融服務鏈條，具備了為以瀘州老窖為核心企業的供應鏈上其他中小企業提供供應鏈金融的功能，完全符合我們提出的供應鏈金融創新模式，與研究主題一致，可提供豐富的素材。與此同時，本書的研究主題符合集團管理層的戰略，更容易與其產生共鳴，有利於數據收集。

案例信息與數據收集主要來源於集團內部資料整理，並從其下屬產業公司、擔保公司及小貸公司獲得了其供應鏈上中小企業信息。下文將對供應鏈金融創新模式下中小企業抵押物範圍、融資額度以及融資成本與現有供應鏈金融模式進行對比分析。

4.3.1 抵押物範圍的對比

我們收集了2011年8月至2014年8月瀘州老窖集團控股擔保子公司所擔保中小企業的基本情況，選取了幾類典型的白酒供應鏈上下游企業，它們的抵押物由於公允價值不符合銀行的標準、無產權抵押以及價值波動大等原因，通常無法通過現有供應鏈金融模式獲得銀行的貸款。而在本書提出的供應鏈金融創新模式下，內部擔保公司對抵押物的價值進行相應的識別並進行客觀評估，從而滿足了白酒供應鏈上中小企業的融資需求（見表4-1）。

本書中，由於內部擔保公司熟悉行業背景，對於抵押物價值有著更為客觀的認識。例如，在白酒供應鏈上，白酒銷售商通常以所儲存基酒以及園區內無產權的廠房作為抵押物進行擔保貸款。事實上，銀行或外部擔保公司不熟悉基酒的價值評估，對園區廠房的風險無從把控，不願接受其作為抵押物，故而無法給白酒銷售商提供貸款。

表 4-1　　　　　　　　　　不同抵押物下的融資額度分析①

單位：萬元

企業名稱	主要反擔保措施	相同抵押物下的融資額度	
		通過企業集團內部擔保公司融資	從銀行直接融資
紙類供應商	1,004 萬元存貨浮動抵押；545 萬元設備抵押	500	0
酒類銷售商	園區房產 3,450、3,519m² 抵押（無產權證）、基酒大於 3,930 噸抵押、流水線 2 條抵押	2,000	0
包裝供應商	存貨價值 1,100 萬元抵押、機器設備抵押、應收帳款 666 萬元質押	1,200	0
印刷品供應商	園區一期廠房 7,312m²、園區二期廠房及辦公樓 12,553m²（無產權證）協議抵押；767 萬元機器設備抵押	1,000	0

4.3.2 融資額度的對比

本書基於所收集的樣本企業主要抵押物，比較了樣本企業在不同渠道下所獲融資額度（見表 4-2）。本書按樣本企業的主營業務類型進行分類，將上游供應商分為九類，每個類型選擇一個樣本企業，對下游銷售商選擇一個樣本企業進行對比分析。

表 4-2　　　樣本企業在相同抵押物下通過不同渠道所獲授信額度比較

單位：萬元

企業類型	相同抵押物下不同管道所獲融資額度比較		通過內部擔保公司所獲融資額度與從銀行直接融資所獲額度的比例
	通過內部擔保公司融資	從銀行直接融資	
玻璃供應商	3,200	1,250	256%
包裝供應商	1,500	600	250%

---

① 以瀘州老窖酒廠為核心企業的白酒供應鏈上的中小企業多處於瀘州酒業發展區，瀘州酒業發展區是瀘州老窖集團的全資子公司。園區對入園企業採取「租賃土地，自建廠房」的原則，所以園區企業基本無產權證，僅有自建的廠房、生產線或者基酒作抵押，而依靠這些抵押品基本無法從銀行獲得貸款。

表4-2(續)

企業類型	相同抵押物下不同管道所獲融資額度比較		通過內部擔保公司所獲融資額度與從銀行直接融資所獲額度的比例
	通過內部擔保公司融資	從銀行直接融資	
瓶蓋供應商	1,600	300	533%
酒類銷售商	2,000	200	1,000%
紙類供應商	2,000	690	290%
酒瓶供應商	800	500	160%
鐵類供應商	2,000	400	500%
農副食品供應商	2,400	473	507%
紙製品供應商	1,200	260	462%
塑料泡沫供應商	610	200	305%

表4-2表明，在相同抵押物的情況下，供應鏈上中小企業依靠內部擔保公司獲得的融資額度遠遠高於依靠銀行直接融資所獲得的融資額度。引入擔保公司，不僅可以變銀行無法接受的抵押物為可能，而且能夠提高抵押物的打折成數從而提升融資額度。中小企業通過擔保公司的綜合資源在銀行規模緊張的情況下優先獲得貸款。

4.3.3 融資成本的對比

供應鏈上中小企業通過銀行直接融資的成本通常是最低的。但是，首先由於中小企業財務信息缺失、抵押物不足以及銀企之間信息不對稱等因素，直接從銀行獲得貸款的可能性較低；其次銀行為了控制風險且由於自身缺乏相關行業背景及專業知識，對申請貸款的中小企業的抵押物缺乏準確的評估，即使給中小企業授信，也會對抵押物大打折扣，導致中小企業獲得較低的貸款額度，無法滿足其需求。而在內部擔保公司介入供應鏈金融即本書提出的供應鏈金融創新模式下，一方面會增大供應鏈上中小企業獲取貸款的可能性並增大融資額度，另一方面，供應鏈金融創新模式下的融資成本較現有供應鏈金融模式下的融資成本有所降低。這是因為現有供應鏈金融模式下，銀行為控制自身風險，往往選擇降低授信額度和提高貸款利率。而在供應鏈金融創新模式下，由於擔保公司隸屬於核心企業的控股子公司，在信息傳遞方面，通過核心企業的橋樑作用實現了與上下游中小企業間的信息雙向流動，較好地解決了信息不對稱問題。在封閉的供應鏈系統中，各企業間的關係更加接近，信用成本和信用風險

進一步降低，銀行與中小企業之間實現了信息的雙向流動。另外，在抵押物的評估方面，內部擔保公司更熟悉供應鏈業務，更能準確地評估抵押物的價值，因而供應鏈上中小企業獲得的授信額度相對較大，融資成本更低。

本書收集了瀘州老窖集團擔保子公司對園區內外企業的擔保情況（見表4-3），以此說明供應鏈金融創新模式對降低融資成本方面的貢獻。

表 4-3　　　　　　　　　中小企業融資成本對比①

單位：萬元

園區內中小企業			園區外中小企業		
企業名稱	融資額度	融資總成本	企業名稱	融資額度	融資總成本
某玻璃集團	3,200	336	某貿易公司	1,500	198
某制蓋公司	1,600	163	某投資公司	1,800	235.8
某紙業公司	500	52.5	某白酒公司	2,000	236
某陶瓷公司	800	84	某煤炭公司	1,700	195.5
某包裝公司	2,000	209	某鈣塑公司	1,500	158.85
某酒業集團	2,000	193.2	某副食品公司	600	79.8
某印務公司	1,200	126.5	某竹業公司	2,000	252
平均融資成本：10.30%			平均融資成本：12.22%		

4.4　數據質押視角下供應鏈企業授信額度研究

授信額度是商業銀行承諾在一定時期內或者某一時間按照約定條件提供給借款人的最高貸款數量（陳林、周宗放，2015[162]）。獲取銀行的授信額度是企業最靈活的融資渠道之一，如美國82%以上的貸款主要通過授信額度的方式實現（Chava、Jarrow，2008）[163]。作為商業銀行的一款金融產品，國外學者從授信額度模型建立的影響因素入手，認為銀行給予企業授信額度大小與企業規模、盈利能力、流動資產、抵押條件等有關（Ariccia、Marquez，2004[164]；

---

① 對於園區內企業而言，瀘州老窖擔保子公司為供應鏈上核心企業控股子公司提供擔保，屬於內部擔保模式。對於園區外中小企業而言，該擔保公司為外部擔保公司。瀘州老窖擔保子公司對於園區外擔保企業的類型與園區內企業存在較大差異，在企業性質方面無明顯的對比性，但是本書重點闡述的是兩種不同擔保模式下平均融資成本的比較。

Jeremy，2002[165]；Stanhouse、Schwarzkopf，2011[166]；Zambaldi 等，2011[167]）。另一些學者如 Thakor（1982）[168]、Chateau（1990）[169]、Hau（2011）[170] 等則對授信額度的定價問題進行了研究。國內學者對授信額度特別是供應鏈金融背景下的中小企業授信額度的研究成果較少，劉長宏等（2008）[171] 提出「1+N」授信模式的框架；劉振華、謝赤（2012）[172] 構建了授信額度確定模型；陳林、周宗放（2015）[162] 則給出結構化授信額度計算模型。但由於企業的授信額度往往與其自身的信用等級相關，且國內缺乏專業的評級機構，在企業信用等級的評估上，商業銀行考察指標難以統一。隨著大數據時代的到來以及信息技術的發展，企業結構化與非結構化數據信息成為銀行評估企業信用等級的重要標準（龐淑娟，2015[173]）。基於大數據以及雲計算技術的發展，對客戶交易信息的跟蹤和現金流的監控不僅可以緩解中小微企業融資的信息和成本枷鎖（巴曙鬆，2013[174]），還能夠有效地控制商業銀行自身風險（譚先國、洪娟，2014[175]），更是商業銀行增強核心競爭力和推動經營轉型的必由之路（龐淑娟，2015[173]）。

對於企業而言，在大數據時代下，數據作為資產的一種表現形式，能夠發揮實質性的擔保與增信作用，即「數據質押」。美國的 Kabbage 公司以及中國上海數喆數據科技有限公司均用「大數據」重構信用體系，為企業提供「貸款」。禹亦歆、劉徵馳（2016）[176] 以互聯網金融電商平臺為例，從理論上驗證了在引入大數據評級機制後，電商平臺可以對不同風險類型企業區分利率貸款，同時提高電商平臺的總體福利。其實，當前所有以數據為基礎的互聯網融資活動都具有數據質押的特徵（唐時達，2015[177]）。數據質押模式成為解決中小微企業融資困境新方式（周琰，2016[178]）。我們受美國 Kabbage 公司、上海數喆數據科技有限公司關於數據質押對企業授信思路的啓發，並基於理論中學者對供應鏈企業授信額度研究的不足，探討數據質押視角下商業銀行對供應鏈企業的授信額度問題。我們構建的供應鏈企業授信額度模型區別於現有的授信額度模型，該模型充分考慮了供應鏈背景下企業之間的關聯交易數據作為數據質押對授信額度的作用。我們的研究發現，銀行可以通過大數據挖掘和數據質押來確定供應鏈企業授信額度，也可以據此啓發自身風險控製思路。事實上，銀行可以通過應用我們構建的供應鏈企業確定其授信額度，從而實現供應鏈企業最大化融資規模和商業銀行風險最小化下的雙贏。

4.4.1 授信額度模型建立

銀行對供應鏈上下游企業的信息瞭解越全面，供應鏈整體風險越低，企業

的融資難度也就越低（Pfohl、Gomm，2009[64]）。實踐中，美國的 Kabbage 公司高效地整合了小微網商企業的交易數據、物流公司配送數據以及社交網路行為數據，將互聯網上每個角落的信息充分轉化為個體信用，開闢了互聯網金融的新時代。基於此，本書認為，供應鏈金融模式下銀行給予供應鏈企業的授信額度主要包括以下三個部分：

第一部分為無供應鏈背景下的授信額度。這部分主要基於已有傳統的授信額度模型，充分依賴擬授信企業相關基礎業務指標以及現金流報告，通過相關的授信額度模型計算可得。這部分授信額度被稱為無供應鏈背景下的授信額度。事實上，也可被稱為供應鏈企業的保底授信額度，即無任何供應鏈金融內涵下，銀行將擬授信企業視為獨立個體時給予的授信額度。

第二部分為核心企業的增信額度。在供應鏈交易集群中，核心企業是信息主體，在一定程度上降低了供應鏈企業與銀行間的信息不對稱，從而提升了供應鏈企業的信息評級，增加了銀行對供應鏈企業的授信額度，這也是供應鏈金融的本質所在。這部分授信額度也被稱為供應鏈金融下供應鏈企業的授信額度。

第三部分為數據質押模式下，數據相依的企業信用狀況變化以及抵質押物範圍擴大帶來的授信額度增加（或降低）的部分。

4.4.1.1　模型假設

假設1：供應鏈上有依託於核心企業的交易平臺數據庫，該數據庫中有核心企業與供應鏈企業的交易信息以及核心企業、上下游企業的基本財務信息，且均為真實數據。

假設2：核心企業有提高整條供應鏈競爭力的責任感，願意將交易平臺數據庫中的信息與銀行共享。

假設3：核心企業願意配合銀行，在必要的情況下對自己的貨物進行回購，對自己的應付帳款進行償還，對預收帳款進行歸還①。

假設4：供應鏈企業數據不會被重複質押，且商業銀行對供應鏈企業質押的數據具有保密的義務。

4.4.1.2　授信額度模型

（1）無供應鏈背景下的授信額度。

供應鏈企業一般為非上市公司，難以獲取其財務信息，故採用傳統授信額

---

① 在這種情況下存貨、預付帳款等才能作為抵質押物。

度模型計算其在無供應鏈背景下的授信額度①。在傳統授信模型中,銀行首先度量企業的信用等級,以企業償債能力為中心,結合行業調整系數和企業信用等級調節系數計算最高統一授信額度[3],即:

$$L_i = \left[\left(\frac{R_{mi}}{1 - R_{mi}} - \frac{R_{0i}}{1 - R_{0i}} \right) \times NA_i + L_{0i} \right] \times T_i \times C_i \times K_i \quad (4-1)$$

其中,R_{0i}、NA_i、L_{0i} 分別為某企業 i 的基期資產負債率、基期有效淨資產和基期負債總額。R_{mi} 為銀行可以接受的該企業 i 最高資產負債率。

$$R_{mi} = R_{0i} \times FC \quad (4-2)$$

其中,FC 為企業 i 信用等級機評得分/A 級客戶基準分。T_i 為行業付息負債佔總負債的比例,由企業 i 所在行業決定,為行業調整系數。C_i 為客戶風險調整系數,由企業 i 的信用等級確定,為企業信用等級調節系數。K_i 為銀行融資同業占比線,由銀行的風險態度和企業 i 的風險程度共同決定。L_i 由企業自身的資信狀況和財務狀況決定,是供應鏈金融背景下授信額度的基本組成部分。

(2) 核心企業的增信額度。

供應鏈上核心企業的交易平臺數據庫連通了銀行與供應鏈企業的信息渠道,從而緩解銀行與供應鏈企業的信息不對稱程度,提升供應鏈企業的信用,增加銀行對供應鏈企業的授信額度。

核心企業的實力和供應鏈的整體水平可以為供應鏈企業提供更高的授信額度。在此可以借鑑劉長宏(2008)[163] 提出的「1+N」授信模式和或有授信額度的思想。其中,「1」為實力強、信譽高的核心企業,是集群中授信風險的重要依託部分;「N」為供應鏈中的上下游企業,它們的資信和業務品種的安全度是核心企業依託的風險緩釋手段。在實際操作中,首先要得到銀行可承受的核心企業「1」的授信風險總量基數 F_m,這是銀行測算出在沒有任何風險緩釋措施的情況下,銀行可給予該核心企業授信額度的上限,即一般意義上的授信額度。然後結合供應鏈企業「N」的客戶風險度、業務品種風險度等因素,綜合設定調整系數進行額度放大,確定基於核心企業風險分擔能力的「1+N」集群或有授信額度,這一額度是供應鏈上的核心企業自身額度與它可能轉移給上下游企業的額度的和 T_m。其獲取方法為先按照銀行授信業務中的供應鏈企業所對應的平均風險度統一設定客戶風險調整系數 C,再對照行業品種風險度設定行業品種風險調整系數 C',即:

---

① 《巴塞爾協議 II》頒布之後,考慮到非預期損失,以經濟資本金(Economic Capital,EC)為核心的授信模型逐漸盛行,但該度模型僅適用於上市企業,而供應鏈上下游企業一般為非上市企業,所以採用傳統的授信額度模型計算無供應鏈背景下的授信額度。

$$T_m = F_m \div C \div C' \tag{4-3}$$

最後用集群的或有授信額度 T_m 減去核心企業自身的授信額度得到核心企業和供應鏈整體實力可以為上下游企業「N」增加的最大的授信額度 T：

$$T = T_m - F_m = F_m \div C \div C' - F_m \tag{4-4}$$

此外，若供應鏈企業數量為 θ，則單個企業可轉移的最高授信額度為 T/θ。

由於供應鏈企業是以交易為基礎的集群，把供應鏈平臺上下游企業和核心企業的交易量占該企業自身交易總量的比例，即交易量占比 k_i 作為衡量企業 i 與核心企業關係度的指標，則信息不對稱程度緩解而增加的授信額度 k_iT/θ。

（3）數據質押增加的授信額度。

數據質押模式下，商業銀行對供應鏈企業的授信額度在兩方面存在影響：一是企業信用等級的調整。美國 Kabbage 通過分析網店的店鋪信息、預付款可用餘額、經營情況和社交網路上與客戶的互動情況等多元化數據指標，對企業進行信用等級進行動態評估。借鑑 Kabbage 公司的信用評估方法，商業銀行可根據收集的供應鏈企業結構化與非結構化數據信息，基於供應鏈企業大數據庫及評分評級系統，對供應鏈企業的信用等級進行動態調整，並設調整系數為 α（$\alpha > 0$），調整後的企業信用評級得分為 αFC。二是抵質押物範圍的擴大。數據質押背景下，商業銀行通過大數據全方位地瞭解企業信息，可以擴大抵押物的範圍。抵質押物範圍擴大而增加的授信額度用 $\sum_j \rho_{ij} W_{ij}$ 表示，其中 ρ_{ij} 表示供應鏈企業 i 某抵質押物 j 的折現系數，是對各種抵押物增值相應程度上的折現比例，用於刻畫抵質押物的質量，W_{ij} 表示供應鏈企業 i 的某抵質押物 j 增加的數量，用於刻畫抵質押物數量。

設銀行對供應鏈企業 i 授信額度為 G_i，則授信額度可由下式表出：

$$G_i = \left[\left(\frac{R_{0i} \times \alpha FC}{1 - R_{0i} \times \alpha FC} - \frac{R_{0i}}{1 - R_{0i}}\right) \times NA_i + L_{0i}\right] \times T_i \times C_i \times K_i \\ + \frac{k_i\left(\dfrac{F_m}{C \times C'} - F_m\right)}{\theta} + \sum_j \rho_{ij} W_{ij} \tag{4-5}$$

4.4.2 案例分析

本書選取 2012—2014 年瀘州老窖集團和其所在白酒供應鏈上下游企業的交易數據作為樣本，數據來源於瀘州老窖集團下屬的交易平臺數據庫以及為瀘州老窖提供金融服務的中國銀行。

4.4.2.1 參數設定與數據獲取

（1）L_i 為無供應鏈背景下企業的授信額度。L_i 的獲取需要企業的財務信息和評級信息。其中財務信息由交易平臺數據庫提供，評級信息由中國銀行提供。

（2）T 為瀘州老窖集團和供應鏈整體實力可以為上下游企業「N」增加的最大授信額度，獲取 T 所需的數據來源於中國銀行。

（3）k_i 為交易量占比。根據該供應鏈上的企業交易特點，本書用六個月累計交易金額占比來刻畫關係度 k_i。對於供應鏈上游的供應商，關係度 k_i 為近六個月銷售給瀘州老窖集團的原材料金額占其銷售金額總量的比例；對於下游的經銷商，本書選擇近六個月銷售瀘州老窖集團商品金額與銷售總金額的比例作為其關係度。

（4）θ 為供應鏈企業的數量，來源於瀘州老窖集團的交易平臺數據庫，本書選取的供應鏈平臺上有 500 家企業，所以 $\theta = 500$。

（5）折現系數由《中國銀行融資擔保公司反擔保措施指導原則》確定，對房地產類不動資產核定價值一般不超過 70%，其中廠房價值的核定不超 50%，對於應收帳款和庫存產品按其帳面價值的 50% 核定。在實務中，商業銀行對供應鏈企業抵質押物的增值主要體現在廠房價值和動產質押兩方面。在無供應鏈背景下，商業銀行不認可無產權證的廠房價值，並對動產價值核定水平較低。本書考慮到抵質押物增值折現的實務操作和模型計算的便利性，取 $\rho_j = 0.3$。

（6）W_{ij} 表示因擔保公司擴大抵質押物範圍和提高動產質押折現率而產生的抵質押物的數量，這一數據來源於中國銀行。

（7）G_i 是模型計算出來的理論授信額度，G_i' 為中國銀行實際的授信額度，數據來源於中國銀行。

4.4.2.2 樣本計算

本書以供應鏈企業 B 為例，結合相關數據展示無供應鏈背景下的授信額度、信息不對稱程度緩解而增加的授信額度和數據質押下的授信額度等指標的獲取過程。

（1）無供應鏈背景下的授信額度 L_i。

供應鏈企業 B 最近三年的資產負債狀況如表 4-4 所示。

表 4-4　　　　　　　　　供應鏈企業 B 的三年資產負債表

單位：萬元

時間	資產	負債
2012	32,888	18,253
2013	39,320	21,547
2014	40,173	20,457
平均	37,460.33	20,085.67

取其最近三年資產和負債的平均數作為基期計算指標，則可計算出 R_{0B} 為 0.54 萬元，NA_B 為 17,374.67 萬元，L_{0B} 為 20,085.67 萬元。

B 企業的信用等級機評得分為 71，A 級客戶基準分為 60，則 FC 為 1.18，R_{mB} 為 0.63。

B 企業為平板玻璃製品業，行業帶息負債比率 $K_B = 0.46$，B 企業信用等級機評得分為 71，屬於 AA-級客戶，融資行業占比控製線 $T_B = 0.6$，風險調整系數 $C_B = 0.85$。

所以 B 企業的無供應鏈背景下的授信額度為：

$$L_B = \left[\left(\frac{R_{mB}}{1-R_{mB}} - \frac{R_{0B}}{1-R_{0B}}\right) \times NA_B + L_{0B}\right] \times T_B \times C_B \times K_B = 7,090.95 \text{ 萬元}$$

（2）信息不對稱程度緩解而增加的授信額度。

中國銀行給予瀘州老窖集團的授信額度為 400,000 萬元，即 $F_m = 400,000$ 萬元，銀行授信的供應鏈企業的平均客戶風險調整系數為 0.7，即 $C = 0.7$，動產質押業務風險調整系數為 0.7，即 $C' = 0.7$，所以 T_m 為 816,326 萬元，則瀘州老窖集團或有授信額度參考值 T 為 416,326 萬元。$\theta = 500$，供應鏈企業 B 與瀘州老窖集團的關係度為 $k_B = 0.618,8$，所以瀘州老窖集團的增信額度 $k_B T/\theta = 492.10$ 萬元。

（3）數據質押下的授信額度。

在中國銀行與企業接觸的初期，供應鏈企業的數據被銀行收集，無額外新的信息，故在初期信用等級的調整系數 α 為 1，企業 B 因為允許動產質押而增加的抵押品 W_B 為 11,283 萬元，折現系數 ρ_j 為 0.3，則抵質押物範圍擴大而增加的額度 $\sum_j \rho_{ij} W_{ij} = 3,384.9$ 萬元。

（4）企業 B 的最終授信額度。

企業 B 最終授信額度 $G_B = L_B + k_B \theta T + \sum_j \rho_{ij} W_{ij} = 10,967.95$ 萬元。而 B 得

到中國銀行的實際授信額度 G'_B 為 9,500 萬元，比模型得到的授信額度在絕對數上少了 1,467.95 萬元，在相對數上少了 15.5%。

4.4.2.3 結果分析

（1）描述統計分析。

以公式（5）為標準，利用 SPSS 軟體對應供應鏈企業融資額度的三個來源分別計算，可得各指標的描述性統計結果，如表 4-5 所示。

表 4-5　　　　　　　　描述統計分析結果

觀測值	L_i	$k_i T/\theta$	$\sum_j \rho_{ij} W_{ij}$	G'_i	G_i
均值	4,616.45	392.32	2,431.39	6,498.65	7,440.16
最大值	9,990.28	801.09	4,815.00	12,590.00	13,032.33
最小值	539.83	35.22	44.10	1,000.00	1,596.53
標準差	378.14	24.42	104.16	408.21	393.54
偏度	0.17	0.12	-0.51	-0.02	-0.04
峰度	-1.24	-0.72	2.45	-1.11	-0.93
總值	276,986.99	23,538.99	145,883.40	389,919.00	446,409.38

從模型計算的銀行對供應鏈企業的授信額度 G_i 的總額和平均數這兩個統計指標結果來看，供應鏈模式下的授信額度 G_i 總額是傳統模式下銀行授信額度 L_i 的 1.61 倍，這說明供應鏈模式對企業融資規模擴大、填補資金鏈缺口有著巨大的正向作用。此外，在授信額度的構成中，傳統銀行授信額度占 62.05%，信息不對稱程度緩解而增加的授信額度占 5.27%，數據質押模式下增加的授信額度占 32.68%。在供應鏈模式下的授信額度構成比例中，13.89% 是由於信息不對稱程度的緩解而增加的額度，86.11% 是數據質押下增加的額度，這說明數據質押是增加供應鏈企業授信額度的重要途徑，從而驗證了周琰（2016）[178] 的結論。另一方面，信息不對稱程度得到緩解，銀行可以更好地評定供應鏈企業的授信風險，這也是授信額度增加的重要途徑，但實際中，供應鏈企業自身狀況較差、財產不足，使得這一途徑在授信過程中的貢獻較少。

從銀行實際授信額度 G'_i 的總額和平均數這兩個統計指標結果來看，銀行實際授信額度 G'_i 是傳統模式下銀行授信額度 L_i 的 1.41 倍，這說明銀行在實際的授信過程中也考慮到了企業的供應鏈背景，給予了適當的額度放鬆。

比較本書模型獲得的銀行對企業的授信額度 G_i 和銀行實際授信額度 G'_i，

發現 G_i 是 G'_i 的 1.15 倍，說明銀行雖然考慮到了企業的供應鏈背景，增加了一定的授信額度，但總體上仍然過於謹慎，存在授信不足的問題。

（2）授信額度各部分的關係分析。

在本書的模型中，供應鏈企業的授信額度主要由三部分構成，為了探討這三部分的內在聯繫，首先進行相關分析，分別求這三部分的相關係數，結果如表 4-6 所示。

表 4-6　　　　　　　　　各部分相關係數

	L_i	$k_i T/\theta$	$\sum_j \rho_{ij} W_{ij}$
L_i	1		
$k_i T/\theta$	0.034,634	1	
$\sum_j \rho_{ij} W_{ij}$	-0.014,74	0.188,889	1

從表中可以看出，無供應鏈背景的授信額度 L_i 與信息不對稱程度緩解而增加的額度 $k_i T/\theta$ 相關性的絕對值在 0.3 之下，即關係極弱，可認為二者不相關。這是因為二者的決定因素基本不重合，前者主要由企業自身的財務狀況、資信狀況等決定，而後者則主要取決於與瀘州老窖集團的關係緊密程度。無供應鏈背景下的授信額度 L_i 與擴大抵質押物範圍而增加的額度 $\sum_j \rho_{ij} W_{ij}$ 的相關性也在 0.1 之下，認為二者亦不相關。銀行傳統授信和供應鏈金融授信業務注重的抵質押物範圍不同，二者雖然都著眼於抵質押物，但擴大的部分抵質押物與銀行傳統授信中認可的抵質押物範圍不重合，所以相關性也較小，基本不相關。信息不對稱程度緩解而增加的額度 $k_i T/\theta$ 和數據質押而增加的額度 $\sum_j \rho_{ij} W_{ij}$ 都屬於供應鏈金融中授信額度的增值部分，二者的決定機制和基礎各不相同，所以亦不相關。

（3）模型計算結果與真實數據比對分析。

本書模型所獲取的授信額度 G_i 與銀行實際授信額度 G'_i 對比如圖 4-3 所示。

從圖 4-3 可以看出，代表模型計算出來的授信額度 G_i 的折線基本位於代表中國銀行實際的授信額度 G'_i 的折線上方，但是二者差值較小，且這兩條折線的趨勢基本一致。二者的差距說明銀行雖然對企業的供應鏈背景進行了考慮，但仍然存在授信不足的問題。二者的趨勢基本一致說明本書的模型與銀行實際的授信存在著內在的一致性。為了進一步對結果進行分析，將兩數據進行成對樣本 t 值檢驗。結果如表 4-7。

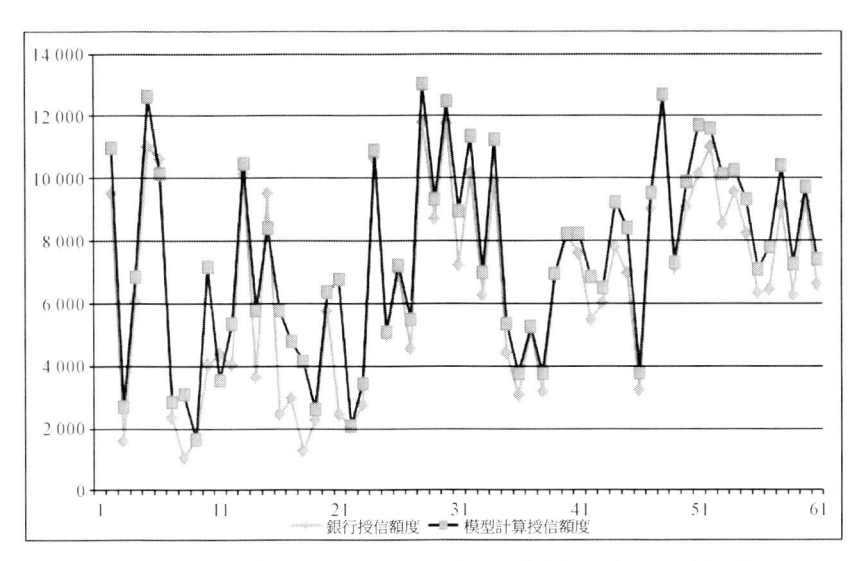

图 4-3　银行实际授信额度 G_t' 和模型计算的授信额度 G_t 对比图

表 4-7　　　　　　　　　　　成对样本 t 检验结果

	平均	方差	观测值	泊松相关系数	假设平均差
银行实际的授信额度 G_t'	6,498.65	9,998.330	60	0.955,004	0
模型计算的授信额度 G_t	7,440.16	9,292.580	60		

Df	t Stat	$P(T<=t)$ 单尾	t 单尾临界	$P(T<=t)$ 双尾	t 双尾临界
59	-7.77	6.633,98E-11	1.67	1.319,29E-10	2.000

二者的相关系数为 0.910，这进一步说明了上图中的趋势问题，即本书的模型计算的授信额度 G_t 和中国银行实际的授信额度 G_t' 高度相关，说明这两种授信模式有内在的一致性，这也从侧面对本书模型的合理性进行了印证。

t 值为 1.671，单尾检验和双尾检验的 P 值均小于 0.05，说明在 95% 的显著水平下，二者存在显著的差别。结合二者的均值和折线图，发现这种差别表现为模型计算的额度显著大于中国银行实际的授信额度，这反应了银行现有的授信模式的保守性。

4.4.3　结论与展望

供应链金融的发展给银行开辟了新的领域，而数据质押成为解决中小微企

業融資困境新方式（周琰，2016[178]）。它是企業增大融資規模和商業銀行在合理風險程度下擴大業務範圍的完美結合點。本書分析了供應鏈金融下通過數據質押模式的融資區別於傳統融資的優勢，並以此為根據建立了供應鏈企業的授信額度模型。

在實證檢驗中，發現根據模型計算的授信額度與銀行實際操作中給出的授信額度高度相關，但計算的授信額度比銀行實際的授信額度高出大約15%，說明銀行現有授信額度計算方式過於保守，存在授信不足的問題。

銀行授信不足的問題會制約供應鏈企業的發展，進而降低整條供應鏈的發展速度，削弱供應鏈金融的優勢。而供應鏈的發展一旦受到影響，與之相關的反過來也會對銀行業務的良性增長產生負面作用。所以，重新審視供應鏈金融，選擇更合理的授信方式非常重要，而本書的模型則提供了一種建立新的授信額度模型的思路。

5　供應鏈金融信用風險研究

5.1　企業集團信用風險度量研究

供應鏈金融風險主要包括核心企業的信用風險、供應鏈上中小企業的財務風險、銀行內部的操作風險、物流企業倉單質押風險以及供應鏈各企業間的信息傳遞風險（於宏新，2010[92]）。在本書提出的供應鏈金融新模式下，企業集團的安全對整條供應鏈的穩定運行有著至關重要的作用，因此，在研究供應鏈金融信用風險時，企業集團的信用風險是我們研究的重點。隨著經濟全球化的不斷發展，企業集團在世界各國扮演著越來越重要的角色（Almeida、Wolfenzon，2006[179]；Khanna、Palepu，2000[180]）。在過去的20年間，由於企業集團的規模優勢，銀行試圖通過優惠利率和靈活政策的方式吸引企業集團貸款方面取得了重大的成功，並從中獲利頗豐（Deloof、Jegers，2003[181]；Mevorach，2007[182]）。然而，隨著2008年全球金融危機的蔓延以及一系列大型企業集團的破產，銀行不得不重新度量企業集團信用風險的重要性。對銀行而言，管控企業集團信用風險成為亟需解決的難題。相比於單個企業，企業集團的信用風險在實際評估中更加複雜，甚至是不可預測的。為什麼會這樣？為什麼企業集團的信用風險更難預測？企業集團信用風險產生的機制是怎樣的？本書試圖通過建立數學模型，運用數值仿真等途徑，從動態分析的角度去解決上述問題。我們認為隨著時間變化，混亂將出現在企業集團的信用風險中。

近年來，不少專家學者對企業集團的信用風險有了更加深入的研究。Siegel、Choudhury（2012）[183]認為，當子公司從企業集團獲取媒介資金受到限制，遭遇負現金流衝擊時，可以獲得集團其他企業的幫助，因此相比於單個企業，企業集團的信用風險更低。Gopalan、Nanda、Seru（2007）[184]以及Khanna、Yafeh（2005）[185]發現，企業集團的內部資本市場可以降低子公司的

信用風險。在此基礎上，Masulis、Pham、Zein（2011）[186]進一步研究發現，企業集團的融資優勢超過其產生的信用風險。然而，一些學者對此研究結果持有不同的態度。他們認為由於隧道，企業集團的信用風險必將大大超過單個企業（Jiang 等，2010[187]；Johnson 等，2000[188]）。此外，其他研究已經表明，隸屬於企業集團子公司的信用風險是否低於單個公司取決於各種參數的設置（Atanasov 等，2010[189]；Urzua，2009[190]）。互相矛盾的結論進一步說明了企業集團信用風險的複雜性。Chen 和 Zhou（2010）[191]通過構建結構化模型對企業集團的信用風險進行了度量。眾多學者通過 Coplua 函數對企業違約相關性進行了分析（Ane、Kharoubi，2003[192]；Frey、McNeil，2002[194]；Gregor、Wei，2011[195]）。儘管這些研究意義深遠，卻依然沒有解釋企業集團信用風險的複雜性。

此外，許多重大的經濟事件，如巴林銀行的倒閉、中國航空石油（新加坡）的破產、安然醜聞以及通用汽車的破產申請提醒我們，企業集團的信用風險非常敏感，且有可能引發蝴蝶效應。我們建立企業集團與子公司相互作用的簡單報童模型，通過數值仿真以及模型動態系統分析去描述企業集團信用風險的複雜性，結果表明，即使集團間的相互作用非常簡單，其信用風險也會導致混沌的產生。研究結果為企業集團信用風險管理提供了新的思路。

5.1.1 模型假設與構建

我們構建的模型直觀簡潔。這種直觀的模型表明，即使企業集團與子公司之間的相互作用非常簡單，集團的信用風險也是複雜和不可預測的。

5.1.1.1 術語與假設

根據 Jarrow、Turnbull（1995）[195]，Ha、Tong（2008）[196]，Chen、Bell（2013）[197]以及 Wang、Ma（2013）[198]的研究成果，我們提出模型的特殊假設如下：

（1）模型中企業集團的 n 個子公司均為獨立決策人，追求利潤最大化。

（2）所有子公司的產品均不易儲藏。每個子公司均面臨著報童模型中的需求市場。我們假設任一個子公司 i 的需求 $\tilde{d}_{i,t}$ 服從均勻分佈 $U[0, 2a_{i,t}]$，其中 $a_{i,t}$ 表示在時間 t 子公司 i 的努力水平。

（3）為了描述子公司與企業集團之間的合作以及相互作用，我們假定市場價格 P_t 取決於總體的努力水平，對於任一個子公司，我們有：

$$P_t = \alpha + \beta S_t - \gamma S_t^2 \tag{5-1}$$

其中 $S_t = \sum_{i=1}^{n} a_{i,t}$。

（4）每個子公司 i 在其努力水平下都存在一個非線性的價值函數 $C_{i,t}$，在每個時期，子公司總會通過選擇最優的努力水平去獲得最大的邊際利潤。

$$C_{i,t} = m_i + n_i a_{i,t} + q_i a2_{i,t} \qquad (5-2)$$

（5）在每個時期 t，企業集團都有固定的財務成本 D 用於償還債務。如果企業集團的利潤總額在任何時期低於 D，企業集團將會違約。文中企業集團的信用風險用違約概率來描述。

以上假設可以得到三個直觀的結論：第一，努力水平的提高會導致市場需求的提高，預期需求也會提高。因此，當所選的子公司努力水平越高，預期需求會上升。然而，高需求會導致更高的成本。此外，由於市場價格相對較低，高努力水平也可能降低其他子公司的利潤。第二，市場價格是由企業集團所有子公司共同決定的，並且影響所有子公司的利潤。第三，模型中的不確定性來源於需求市場，需求的波動性直接影響企業集團的信用風險。我們考慮的企業集團模式類似於具有水平集成和競爭等特點的模塊化壟斷結構。但是，如果我們將變量 $a_{i,t}$ 解釋為生產決策，將等式（5-1）解釋為子公司 i 在時期 t 上的非線性逆需求函數，我們便可以在供應鏈背景下解釋上述假設。

為了簡化模型，我們暫不考慮企業集團內部實際控製以及隧穿等問題。儘管每個子公司的決策會影響企業集團其他子公司，但是他們追求自身利潤最大化，並不關心企業集團的整體福利。

5.1.1.2 模型構建

我們假定 $\pi_{i,t}$ 是子公司 i 在 t 時期的利潤，因此有：

$$\pi_{i,t} = P_t \tilde{d}_{i,t} - C_{i,t} \qquad (5-3)$$

根據前一節的假設，企業集團的子公司相互獨立，並且追求自身利潤的最大化，當子公司決定他們的努力水平時，他們會傾向於增大自身的努力水平以期達到邊際收益等於邊際成本，因此：

$$\partial E[\pi_{i,t}]/\partial a_{i,t} = -\gamma S2_t + \beta S_t + \beta a_{i,t} - 2\gamma a_{i,t} S_t - 2q_i a_{i,t} + \alpha - n_i$$

$$(5-4)$$

由於子公司之間的信息不對稱和決策者的非完全理性，最優努力水平可能無法在每一個時期實現。子公司應該根據在 t 時期的表現調整在 $t+1$ 時期的努力水平，子公司會採用動態決策過程進行邊際調整從而達到利潤最大化的目的。策略可以描述為：

$$a_{i,t+1} = a_{i,t} + k_i a_{i,t} [\partial E[\pi_{i,t}]/\partial a_{i,t}] \qquad (5-5)$$

其中，k_i 是子公司 i 的調整系數。模型中，系數反應了子公司的靈活性。調整系數越高，則子公司應對市場變化越積極。

系數也可以被視為衡量不同決策者的個人特徵。激進型的子公司決策者更傾向於較高的調整系數；相反，保守型的決策者往往有較低的調整系數。調整系數向量 (k_1，k_2，…，k_n) 也代表了企業集團信息結構的一些特性。因此，當信息越全面和透明時，調整系數向量越接近最優決策。

根據公式（5-4）和（5-5），子公司 i 的動態決策過程可以改寫成如下形式：

$$a_{i,t+1} = a_{i,t} + k_i a_{i,t} [-\gamma S2_t + \beta S_t + \beta a_{i,t} - 2\gamma a_{i,t} S_t - 2 q_i a_{i,t} + \alpha - n_i] \tag{5-6}$$

因此，企業集團的動態決策可以用 n 維的非線性組合表示：

$$\begin{cases} a_{1,t+1} = a_{1,t} + k_1 a_{1,t} [-\gamma S2_t + \beta S_t + \beta a_{1,t} - 2\gamma a_{1,t} S_t - 2 q_1 a_{1,t} + \alpha - n_1] \\ a_{2,t+1} = a_{2,t} + k_2 a_{2,t} [-\gamma S2_t + \beta S_t + \beta a_{2,t} - 2\gamma a_{2,t} S_t - 2 q_2 a_{2,t} + \alpha - n_2] \\ \vdots \\ a_{n,t+1} = a_{n,t} + k_n a_{n,t} [-\gamma S2_t + \beta S_t + \beta a_{n,t} - 2\gamma a_{n,t} S_t - 2 q_n a_{n,t} + \alpha - n_n] \end{cases} \tag{5-7}$$

子公司 i 的利潤為 $\pi_{i,t}$，企業集團在 t 時期的總利潤可以表述為：

$$\pi_t = \sum_{i=1}^{n} \pi_{i,t} \tag{5-8}$$

依然假定 $\tilde{d}_{i,t}$ 對於不同的子公司而言是相互獨立的，我們定義 $\tilde{d}_t$ 如下：

$$\tilde{d}_t = \sum_{i=1}^{n} \tilde{d}_{i,t} \tag{5-9}$$

易知，$\tilde{d}_t$ 也服從均勻分佈 $U[0, 2S_t]$。

在本書中，違約概率用來描述企業集團的信用風險。根據假設（5），違約情況僅僅發生在企業集團的總收益小於固定的財務成本情形下，因此，當且僅當如下不等式成立時，企業集團才會出現違約情況：

$$\pi_t - \sum_{i=1}^{n} C_{i,t} < D \tag{5-10}$$

因此，違約概率又可以表述為：

$$Pr\left(\tilde{d}_t < \frac{D + \sum_{i=1}^{n} C_{i,t}}{P_t}\right) \tag{5-11}$$

由於 $\tilde{d}_t$ 服從均勻分佈，在 t 時期內的違約概率可以改寫成：

$$Pr_t(a_t) = \frac{D + \sum_{i=1}^{n} C_{i,t}}{2 S_t P_t} \tag{5-12}$$

其中，$a_t = (a_{1,t}, a_{2,t}, \cdots, a_{n,t})$。

具體而言，企業集團的財務成本取決於子公司的負債情況。常數 D 對應著所有子公司在每個時期的財務成本之和。實際上，企業集團經常通過內部資本市場，將一個子公司的資金轉移到另一個面臨違約風險的子公司，也就是所謂的拆東牆補西牆。因此，為了簡化模型，我們不需要考慮子公司之間不同的債務結構，而只需要假定一個固定的財務成本。

5.1.2 模型分析

為簡單起見，我們將定 $n = 3$，動態決策模型可以用如下結構表示：

$$\begin{cases} x' = x + k_1 x [-\gamma S2_t + \beta S_t + \beta x - 2\gamma x S_t - 2 q_1 x + \alpha - n_1] \\ y' = y + k_2 y [-\gamma S2_t + \beta S_t + \beta y - 2\gamma y S_t - 2 q_2 y + \alpha - n_2] \\ z' = z + k_3 z [-\gamma S2_t + \beta S_t + \beta z - 2\gamma z S_t - 2 q_3 z + \alpha - n_3] \end{cases} \quad (5-13)$$

其中，$x = a_{1,t}$，$x' = a_{1,t+1}$，$y = a_{2,t}$，$y' = a_{2,t+1}$，$z = a_{3,t}$，$z' = a_{3,t+1}$。因此，固定值滿足以下代數方程：

$$\begin{cases} k_1 x [-3\gamma x2 - \gamma y2 - \gamma z2 - 4\gamma xy - 4\gamma xz - 2\gamma yz + \beta(2x+y+z) - 2 q_1 x + \alpha - n_1] = 0 \\ k_2 x [-3\gamma y2 - \gamma x2 - \gamma z2 - 4\gamma yz - 4\gamma xy - 2\gamma xz + \beta(2y+x+z) - 2 q_2 y + \alpha - n_2] = 0 \\ k_3 z [-3\gamma z2 - \gamma x2 - \gamma y2 - 4\gamma yz - 4\gamma xz - 2\gamma xy + \beta(2z+x+y) - 2 q_3 z + \alpha - n_3] = 0 \end{cases}$$

$$(5-14)$$

在動態決策過程中，參數 α、β、γ、m_i、n_i、q_i、D 是相對固定的，而調整系數 k_i 取決於特定子公司的風險特性，因而是變化的。為了研究的方便，我們假定一些固定值，即選取：

$\alpha = 5$，$\beta = 0.5$，$\gamma = 1$，$m_1 = 0.2$，$n_1 = 0.5$，$q_1 = 0.1$，$m_2 = 0.3$，$n_2 = 0.4$，$q_2 = 0.2$，$m_3 = 0.4$，$n_3 = 0.3$，$q_3 = 0.3$，$D = 2$

那麼，(5-14) 可以寫成：

$$\begin{cases} k_1 x [-3 x2 - y2 - z2 - 4xy - 4xz - 2yz + 0.5(2x+y+z) - 0.2x + 4.5] = 0 \\ k_2 y [-3 y2 - x2 - z2 - 4yz - 4xy - 2xz + 0.5(2y+x+z) - 0.4y + 4.6] = 0 \\ k_3 z [-3 z2 - x2 - y2 - 4yz - 4xz - 2xy + 0.5(2z+x+y) - 0.6z + 4.7] = 0 \end{cases}$$

$$(5-15)$$

其中有 6 個固定點，分別是 $\omega_1(0, 0.837\,4, 0.817\,6)$，$\omega_2(0.616\,0, 0.609\,5, 0.603\,7)$，$\omega_3(0, 0, 0.941\,6)$，$\omega_4(0, 0, -6.838\,6)$，$\omega_5(0, 0, 0)$，$\omega_6(-0.440\,5, -0.500\,8, -0.569\,3)$。根據代數式我們易知，均衡和調整系數都是均衡的。在模型中，非正均衡解都是無效的，因此，只有 $\omega_2(0.616\,0, 0.609\,5, 0.603\,7)$ 是動態決策過程的納什均衡解。在均衡中，企業集團的違

約概率為41.02%。

為了找到穩定範圍內的納什均衡點,我們將 ω_2 帶入到雅可比矩陣中,得到:

$$J = \begin{bmatrix} -4.773,4\ k_1 & -2.704,5\ k_1 & -2.704,5\ k_1 \\ -2.668,0\ k_2 & -4.837,1\ k_2 & -2.668,0\ k_2 \\ -2.635,6\ k_3 & -2.635,6\ k_3 & -4.904,9\ k_3 \end{bmatrix} \quad (5-16)$$

因此,雅可比矩陣的特徵方程可以寫成:

$$f(\lambda) = \lambda^3 + A\lambda^2 + B\lambda + C \quad (5-17)$$

其中,$A = 4.773,4\ k_1 + 4.837,1\ k_2 + 4.904,9\ k_3$,$B = 15.873,8\ k_1 k_2 + 16.693,7\ k_2 k_3 + 16.285,1\ k_1 k_3$,$C = 47.850,1\ k_1 k_2 k_3$。

根據勞斯—霍爾維茨準測,均衡點漸進穩定性的充要條件可以表述為:

$$\begin{cases} f(1) = A + B + C + 1 > 0 \\ -f(-1) = A - B + C - 1 > 0 \\ C^2 - 1 < 0 \\ (1-C^2)^2 - (B-AC)^2 > 0 \end{cases} \quad (5-18)$$

圖5-1的納什均衡穩定區域由式(5-18)得出,如果調整系數向量 (k_1, k_2, k_3) 在上述的三維區域內,那麼經過多次迭代後將會得到納什均衡點。

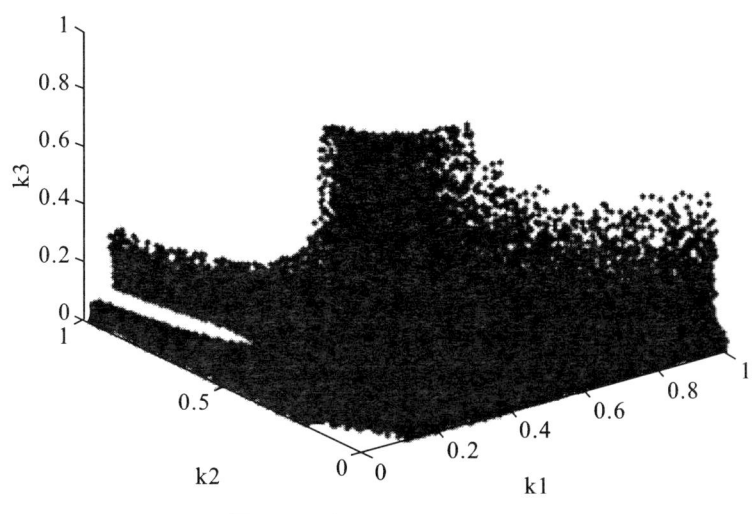

圖5-1　納什均衡的穩定區域

5.1.3 仿真與信用風險成分分析

我們通過構建數值仿真方式更加深入地理解信用風險的演化。構建的模型表明，信用風險的演化是由（5-18）式描述的子公司動態風險決策決定的。因此，首先考慮動態風險決策的過程，並假定一個一般的過程，即將 k_1 放開，將 k_2、k_3 固定，為了不失一般性，我們假定 $k_2 = 0.3$，$k_3 = 0.2$。

李雅普諾夫動態系統的特徵指數通常用數量表示，它表示與微小軌道的分離速度。動態決策系統過程在模型中是一個三維動態系統，李雅普諾夫特徵指數在每個維度的動態決策過程如圖 5-2 所示。

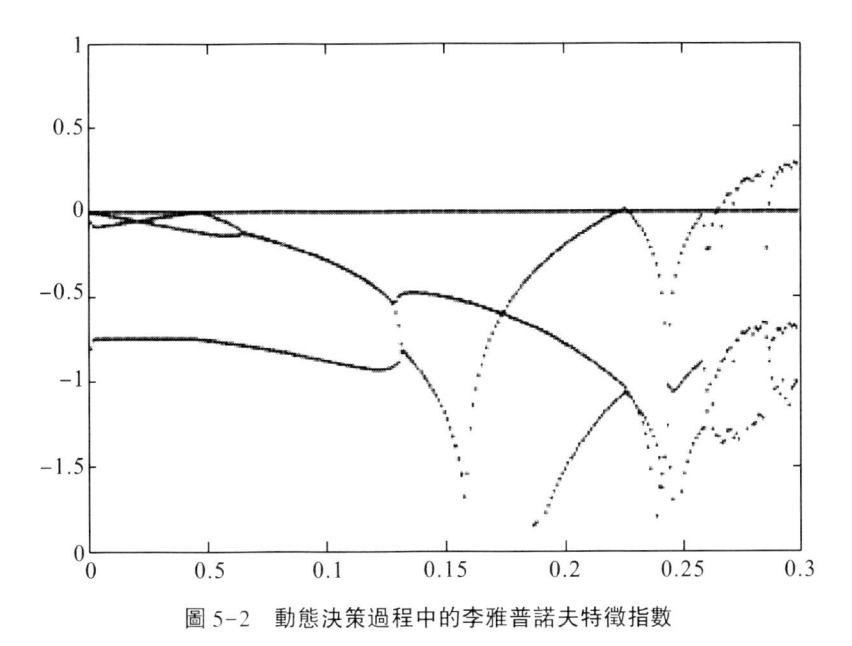

圖 5-2　動態決策過程中的李雅普諾夫特徵指數

圖 5-2 表明，動態決策過程是穩定的，當子公司的調整系數 $k_1 < 0.223,1$ 時，其更傾向於選擇接近納什均衡點作為公司的努力水平。隨著調整系數的增加，李雅普諾夫特徵指數的最大值總會低於最初的 0，隨後將等於 0，這表明動態系統將經歷一段翻倍分岔的振蕩週期。當 $k_1 > 0.286,5$ 時，李雅普諾夫特徵指數最大值將會逐漸大於 0，這表明動態系統將會變得混沌。此時，子公司的決策者變得更加複雜，企業集團的信用風險取決於這些決策，那麼信用風險將會更加難以預測。

為了更好地理解信用風險的複雜性，圖 5-3 所示的分歧用來描述動態決

策過程和演化企業集團的信用風險。圖5-2中，（a）、（b）、（c）顯示了企業集團子公司動態穩定性特徵的決策，在調整系數增加的同時，將會發生分叉，最後系統變得混沌。圖5-2中的（d）表明了信用風險的分叉。圖5-3中（d）圖表示，第一次分叉發生在$k_1 = 0.223,1$，它的違約概率為56.21%，第二次分叉發生在$k_1 = 0.258,1$，第三次發生在$k_1 = 0.265,5$……隨後發生混沌。

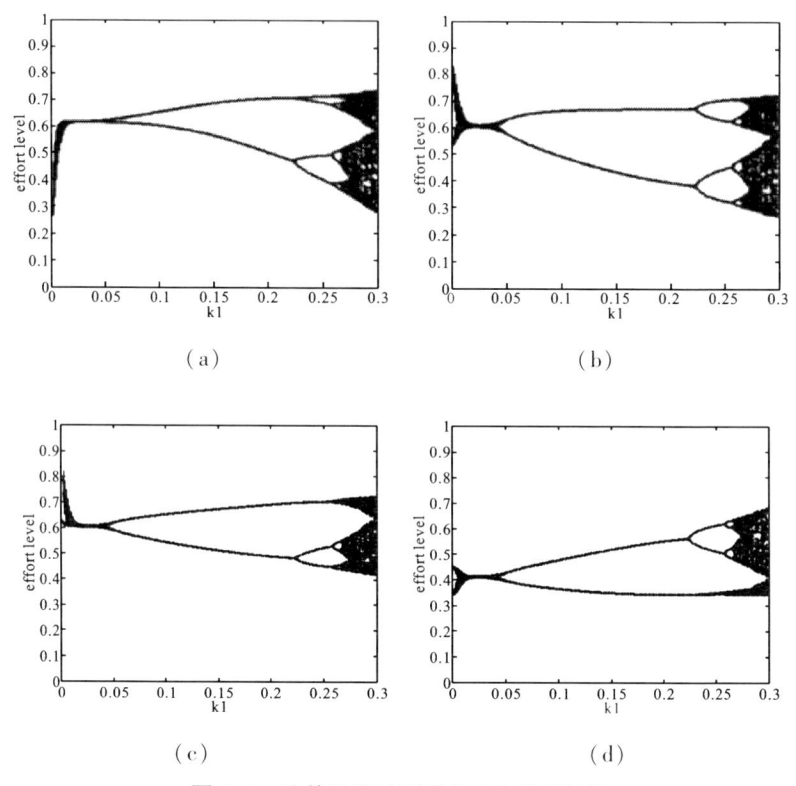

(a)

(b)

(c)

(d)

圖5-3　決策過程的擾動分支和信用風險

我們用圖5-4表示動態系統的混沌吸引子。圖5-4中的（a）、（b）、（c）展示了三個子公司在信用風險和努力水平條件下的動態系統二維混沌吸引子。（d）展示了企業集團三家子公司的努力水平選擇下三維混沌吸引子。

(a)　　　　　　　　　　　　(b)

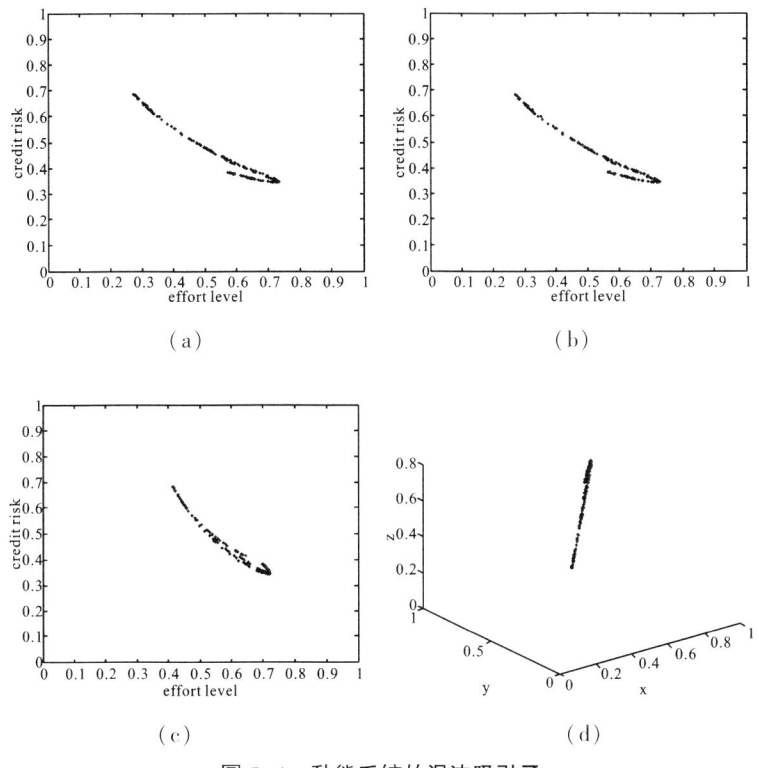

(c)　　　　　　　　　　　　(d)

圖 5-4　動態系統的混沌吸引子

　　圖 5-3 和圖 5-4 表明，即使子公司之間的交互性非常簡單，企業集團的信用風險依然會導致混沌。這大概可以解釋為什麼企業集團的信用風險一直都是複雜且不可預測的。我們通過信用風險的圖解順序來說明信用風險的過程。圖 5-5 展示了調整系數在 $k_1 = 0.24$ 和 $k_1 = 0.34$ 時信用風險隨時間變化圖。從中我們可以總結出企業集團信用風險的變化呈現週期性。在 $k_1 = 0.24$ 時，信用風險可以比較容易地被預測。然而，當 k_1 逐漸增加時，信用風險的軌道變得非常複雜。在一個特定的時間內，信用風險值將遍歷所有的混沌軌道部分。

　　接下來，我們舉例說明信用風險的蝴蝶效應。混沌系統對初始條件較為敏感，因此，我們可以預計子公司初始條件的微小差異將會導致發展軌道的偏離。我們將初始條件設為 (0.3，0.2，0.3) 和 (0.300,1，0.2，0.3)，並對企業集團信用風險的演變進行模擬。我們也可以計算不同初始狀態下信用風險隨時間變化的差距，如圖 5-6 所示，在最初，軌道的差距變化非常小。然而，在 20 次的迭代之後，相鄰軌道之間開始分離，差距隨時間逐漸拉大，導致相鄰軌道向不同的吸引範圍演化。圖 5-6 顯示了企業集團存在不同信用風險均勻

5　供應鏈金融信用風險研究 ┃ 89

分佈的原因。

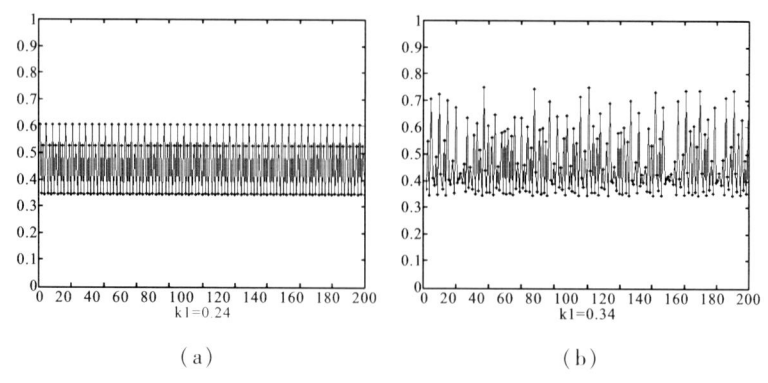

(a)　　　　　　　　　　　　(b)

圖 5-5　企業集團信用風險的變化序列圖

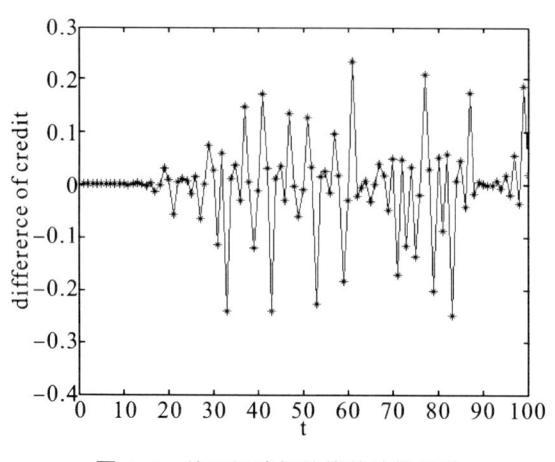

圖 5-6　信用風險初始條件的敏感性

實際上，如果我們假定模型中 $k_1=k_2=k_3=k$，隨著 k 的增加，企業集團的信用風險將會達到第一個穩定的值，即 41.02%。接著，它會在兩個週期點之間變化，這意味著在這一階段存在兩個納什均衡點。如果我們繼續增加 k，四週期和八週期的現象就會出現。根據 Li 和 York（1975）[199] 的研究，信用風險在四週期階段會處於混沌狀態。在這期間，企業集團一些微小的改變會導致信用風險朝著差異非常大的方向變化。

5.1.4　結果分析

本書提出了一個簡單的報童模型去描述企業集團子公司的動態決策過程。在模型中，我們將企業集團信用風險的度量轉化為對企業違約概率的測量，最

後根據系統靜態分析以及李雅普諾夫特徵指數，進一步通過構建數值仿真方式對企業集團信用風險的複雜性進行研究。總而言之，通過研究，我們得到三個重要的結論：第一，即使子公司之間的非線性交互是極其簡單的，也會導致企業集團信用風險出現混沌。第二，子公司的靈活性、子公司決策者的個人特徵以及信息結構都會影響企業集團信用風險的納什均衡。第三，企業集團信用風險對初始條件非常敏感，因此，企業集團信用風險存在蝴蝶效應。

本書的研究成果也有一些非常重要的啟示。在實踐方面，這些研究結果加深了我們對於企業集團信用風險相比於單個公司而言更加複雜、更加不可預測的理解，同時也暗示了企業集團信貸風險水平可能受益於一個企業集團員工數量的規劃和管理、信息共享以及子公司的營運管理。在理論方面，我們的研究可以提供有價值的建議，進一步促進企業集團信用風險的研究。同時，研究成果也可以擴展到擁有更多子公司的企業集團。

5.2 供應鏈企業違約風險度量

隨著銀行業的競爭愈加激烈，銀行正積極以不同形式展開信貸擴張活動。其中，除了傳統的資產規模大、信用評級高的核心企業是銀行相互競爭的重點客戶對象之外，以供應鏈為背景的上下游企業融資需求亦正成為各銀行競相追逐的盈利方向，因此，供應鏈金融應運而生。自深圳發展銀行首次涉足該項業務至今已有十餘年，然而，在可觀的利潤背後，供應鏈企業的風險尤其是違約風險將給銀行在供應鏈中的信貸活動帶來巨大的挑戰。此外，由於供應鏈企業之間存在關聯交易，單個供應鏈企業的違約風險不再獨立，與供應鏈裡其他企業間存在著千絲萬縷的聯繫。某一供應鏈企業違約風險的觸發，可能會給其他企業甚至整條供應鏈帶來巨大危機。因此，在供應鏈背景下對供應鏈企業違約風險的評價將具有極大的參考意義和現實意義。

違約風險指債權人遭受債務人拒絕償還或無能力償還債務從而遭受損失的可能性。而對於供應鏈企業違約風險，目前還沒有學者給出明確的定義。我們研究的供應鏈企業違約風險是指在供應鏈背景下，供應鏈企業的違約致使銀行等金融機構的資產遭受損失的可能性。

5.2.1 供應鏈企業違約風險度量基本模型建立

在供應鏈背景下，供應鏈企業違約風險囊括自發違約和傳染違約兩部分。

其中自發違約是指供應鏈企業受宏觀經濟影響因素的變動或自身財務狀況變化而引起對銀行等金融機構違約的可能性，這些因素對正在運行的供應鏈企業影響是相同的。還有一種造成企業違約關聯性的原因產生於企業之間的直接關係鏈，例如生產廠商同供貨商、銷售商之間的關係、銀行之間相互借貸等。這種直接關係鏈的存在，導致一個企業的財務狀況不景氣傳染給另一個企業，我們稱這種傳染為信貸傳染違約。信貸傳染違約指的是企業間財務狀況的相互傳染。

為了便於構建供應鏈企業違約風險度量基本模型，我們做出以下三個假設：

假設 5-1：在供應鏈企業交易期間內，企業可以多次違約。此外，違約可能性具有累積性，且風險可能來自多個源頭，也可能來自於一個可能多次發生違約的源頭。

假設 5-2：供應鏈結構在研究期間內不發生任何變化。

假設 5-3：一個供應鏈企業的違約風險可能直接傳染給其關聯企業，也可通過影響關聯企業的途徑傳染給非關聯企業。

在供應鏈體系中，假想存在 N 個上下游企業和一個核心企業。供應鏈企業違約風險的度量可能受到其他企業的傳染違約而被放大。因此，供應鏈企業傳染違約風險亦應被考慮。

對於供應鏈企業自發違約的度量，我們構建了評價指標體系，並結合模糊偏好方法，綜合定性指標與定量指標的評價結果，得出不同供應鏈企業自發違約風險在供應鏈系統中的相對權重大小，該權重向量標記為 R_s。對於傳染違約風險的度量，由於其對供應鏈自發違約風險有放大效應，因此確定它對自發違約風險的影響程度至關重要，影響程度取決於傳染路徑，而後者與關聯交易密切相關。一方面，傳染路徑的構建必須考慮到關聯交易情況；另一方面，正如假設中提及的，違約風險傳染的次數可能超過一次，並且可能產生多輪違約風險傳染現象，也就意味著違約風險是累積的。因此，這方面情況亦應該給予考慮，而風險數值矩陣（RNM）的使用能滿足這些要求（Fang 等，2013）[200]。

基於以上分析以及 Fang 等人（2013）[200] 構建的模型，我們將傳染違約風險的影響程度定義為 $\sum_{i=1}^{m} Ai$，並且傳染違約風險 R_C 如下式所示：

$$R_C = \sum_{i=1}^{m} Ai \cdot R_s \quad (5\text{-}19)$$

在式（5-19）中，R_s 表示自發違約風險的相對權重向量，這部分風險主要包括以下兩個方面：一方麵包括供應鏈企業在經營過程中各種由於自身經營

不善而引起的違約風險發生的可能性大小；另一方麵包括由宏觀經濟、行業特徵等其他因素導致企業違約風險發生的可能性大小。A 為 RNM，它反應了傳染違約風險的傳染路徑和影響程度。在文中，傳染路徑指決定了影響程度的兩個方面：交易對手和交易額的選擇。i 表示步長，指供應鏈系統中任意兩個企業之間間隔的企業數加一，它反應了直接傳染或間接傳染的方式。m 表示最大步長。如在圖 5-7 中，企業 2 和企業 5 之間的步長便是 2。如果供應鏈結構中存在閉環，m 值便為無窮大，這種情況稱為「環現象」。如圖 5-7 所示，其便是一個「環現象」。

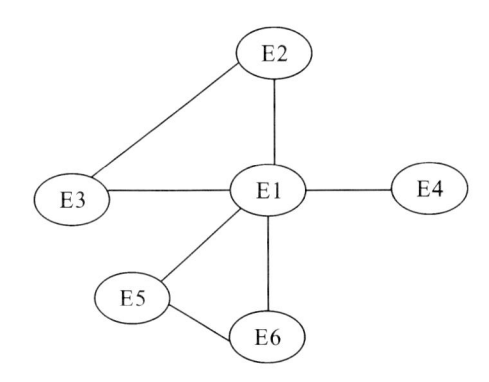

圖 5-7　供應鏈企業的網路結構[1]

如前所述，供應鏈企業違約風險由自發違約風險和傳染違約風險組成，因此，供應鏈企業違約風險基本度量模型如下式（5-20）所示：

$$R = R_S + R_C = R_S + \sum_{i=1}^{m} Ai \cdot R_S \quad (5-20)$$

$\sum_{i=1}^{m} Ai \cdot R_S$ 可視為傳染違約風險，在某種程度上，由其他供應鏈企業的違約風險引發的傳染違約風險被認為是自發違約風險的乘數效應。R 是供應鏈企業違約風險相對總權重向量。

為了便於計算，我們構建了 $(I - A) \cdot R$，並將（5-19）式代入得到等式（5-21），如下：

$$(I - A) \cdot R = (I - A) \cdot \sum_{i=0}^{m} Ai \cdot R_S = (I - Am + 1) \cdot R_S \quad (5-21)$$

在式（5-21）中，I 是單位矩陣。如果 m 是有限的，我們能計算出最終結果。然而，如果 m 是無窮大，則很難說能否求出最終結果。如果 A 的無窮次冪

---

[1] E_i 是企業 i 的簡稱。

趨近於零，那麼則存在最終的結果。如果 A 的無窮次冪不趨近於零，那麼則不存在特定的結果。然而這種情形正如 Fang 等人提及的，實際上並不可能出現，並且此種情形在下文模型中不予考慮。

5.2.1.1 供應鏈企業自發違約風險度量

供應鏈企業因果違約受到企業的現狀和營運的影響。在這部分，我們應用複雜比較矩陣（CCM），構建了評價指標體系，從而評價自發違約風險。通過基於 CCMs 的供應鏈企業違約風險評價方法，我們得到了因果違約風險的度量結果。

（1）評價指標。

單個企業違約風險的評價關注於企業本質性的指標，如企業資質、營運能力、獲利能力、償還能力、發展潛力和信用狀況等。然而，在供應鏈的背景下，供應鏈企業違約風險評價比傳統的企業違約風險評價更加複雜。因此，本部分，我們建立了供應鏈企業違約風險的評價指標體系。基於 Hu（2011）[201] 構建的供應鏈違約風險評價指標體系，我們從供應鏈企業資質、融資下的供應鏈企業資產特徵和供應鏈企業在供應鏈中的營運情況三個方面構建了評價指標體系。首先，如同傳統的違約風險評價，供應鏈企業的資質在極大程度上決定了違約風險的大小，因此供應鏈企業違約風險自然應該考慮供應鏈企業的資質。其次，融資下的供應鏈企業資產特徵亦決定了企業的信用違約行為。如果融資下的資產質量較好，則供應鏈企業違約的可能性較小；相反，若融資下的資產質量較差，則供應鏈企業違約的可能性較大。因此，融資下的供應鏈企業資產特徵亦該被考慮到企業的違約風險評價中。另外，供應鏈企業在供應鏈中的營運情況不僅反應了企業在供應鏈中的重要性，也可以通過企業在供應鏈中的狀況，如與其他供應鏈企業的交易記錄等，間接反應企業的信用狀況。

與 Hu（2011）[201] 構建的評價指標體系相比，我們構建的評價指標體系一方面對一些指標進一步進行了細化，並引入了融資下的供應鏈企業資產特徵這類指標。與此同時，我們構建的指標體系將核心企業從過往的評價指標體系中剔除出去，並將其引入到傳染過程中，從而使供應鏈企業的違約風險評價更全面和更系統。供應鏈企業違約風險評價指標體系如表 5-1 所示。

表 5-1　　　　　　　　　　供應鏈違約風險評價體系

一級指標	二級指標	三級指標
供應鏈企業資質	企業素質	領導素質 (x_1)
		職工素質 (x_2)
		管理素質 (x_3)
		財務披露質量 (x_4)
	信用狀況	貸款按期償還率 (x_5)
		貸款支付率 (x_6)
	經營能力	資產產值率 (x_7)
		資產收益率 (x_8)
		資產週轉率 (x_9)
	盈利能力	銷售利潤率 (x_{10})
		淨資產收益率 (x_{11})
	償債能力	流動比率 (x_{12})
		速動比率 (x_{13})
		資產負債率 (x_{14})
		企業營運能力現金流與流動負債比率 (x_{15})
		利息保障倍數 (x_{16})
	發展潛力	銷售利潤增長率 (x_{17})
		淨利潤增長率 (x_{18})
		總資產增長率 (x_{19})
融資項下資產情況	質物特徵	價格穩定性 (x_{20})
		變現能力 (x_{21})
		質物易損程度 (x_{22})
	應收帳款特徵	帳齡與帳期 (x_{23})
		退貨記錄 (x_{24})
		壞帳率 (x_{25})

表5-1(續)

一級指標	二級指標	三級指標
供應鏈營運狀況	所在行業狀況	行業增長率 (x_{26})
		行業環境 (x_{27})
	合作密切程度	交易年限 (x_{28})
		交易頻度 (x_{29})
	以往履約情況	違約率 (x_{30})

註：考慮到一些供應鏈企業未進行融資，為了使評價指標體系更適用、更一般和易於計算，對於一些相對應指標給予了統一規定。對於融資下供應鏈企業資產的特徵指標，如果某個指標有利於降低風險，則我們規定該指標對應的值為100%，如價格穩定性和變現能力。如果某指標易於增加風險，則我們規定該指標對應的值為0，如質物易損程度、帳齡和帳期、退貨率和壞帳率。

（2）自發違約風險的複雜判斷和複雜比較度量。

如果可用的數據很少，或者是評價結果是基於評價者的主觀判斷，評價者的經驗和偏好就會成為評價過程的基礎。偏好關係可以考慮評價者的經驗和知識，使得評價更加容易。基於偏好關係的評價方法結合了定量和定性的評價指標，這種方法克服了傳統評價需要高度準確和完整信息的缺點，並可以運用在廣泛的領域。

在評價的實際過程中，評價者們提供的評價結果的形式是多種多樣的，這是因為指標各不相同以及評價者對於信息的掌握和認知有限且存在差異。當評價者們對供應鏈企業進行評價時，他們常常根據不同的環境選擇不同的評價方法。例如，如果評價者對於兩個企業的比較關係不確定時，就會用模糊評價來表達他的想法。如果他認為可能的比較關係是在一個區間裡，那麼他就會用區間模糊評價來表達他的觀點。如果是一組評價者進行評價，那麼他們會傾向於使用猶豫模糊判斷。然而，這些已有的判斷形式（模糊判斷、區間判斷、猶豫判斷等）用一種特有的而非通用的方法來表達評價者們的觀點。朱斌定義了複雜判斷和複雜比較矩陣（CCM）來對評價者們提供的評價值進行一般表示。評價者們可以利用CCM將他們的觀點基於指標用一種合適的形式進行表達，並且用一種一般的方式進行整合。

朱斌引入了隨機型判斷的概念：如果隨機變量 ζ_{ij} 滿足 $\zeta_{ij} \in c_{ij}$，c_{ij} 是一組評價者的判斷，ζ_{ij} 服從概率函數 $F(\zeta_{ij})$，那麼隨機變量 ζ_{ij} 被稱為隨機型判斷。隨機判斷包括了幾乎所有的判斷形式，因而可以被應用到廣泛的領域中。常見的判斷形式可以被分為基於1-9比例互反判斷和基於0-1比例的互補判斷，

如表 5-2 所示。我們可以基於不同的判斷形式構建起不同的偏好關係。我們將運用基於 0-1 標度的互補判斷進行評價。

表 5-2　　　　　　　　　基於 1-9 標度和 0-1 標度的判斷

基於 1-9 比例的互反判斷	互反比較矩陣（Satty，1990） 區間互反比較矩陣（Satty 等，1987） 猶豫互反比較矩陣（Xia 等，2013） 隨機互反比較矩陣（Zhu 等，2014） 模糊偏好關係（Xu，2004）
基於 0-1 比例的模糊判斷	區間模糊偏好關係（Zhu 等，2013） 猶豫模糊偏好關係（Zhu 等，2014） 隨機模糊偏好關係（Satty，1977）

定義 5-1：令 $X = \{x_1, x_2, \cdots, x_n\}$ 為固定集，則複雜比較矩陣（CCM）可表示為 $C = (c_{ij}^p)_{n \times n} \in X \times X$，其中 c_{ij}^p 為一個相對於 x_j 而言偏好 x_i 的程度的複雜判斷。

由於模糊判斷、區間模糊判斷以及猶豫判斷服從某些特定的分佈，我們不需給出概率分佈函數。在這種情況下，c_{ij}^p 可以寫作 c，其他情況下我們仍然用 c_{ij}^p 表示複雜判斷。文中我們將會運用 CCM 來評價供應鏈企業的自發違約風險的定性和定量指標。

（3）定量指標下的供應鏈企業 CCMs 的構建。

根據文中給出的方法，定量指標不能在評價過程中直接進行評價。我們引入了效用函數得到這些指標的效用值。為了將效用應用到偏好關係中，我們引入了一個簡單的公式來計算基於效用值的偏好關係。

效用函數在描述評價者風險的態度和偏好上已經得到了廣泛的應用。如果我們將定量指標的值作為自變量，效用值作為因變量，這兩者之間的函數關係就是一個效用函數，用 $u_l = u(x_l)$ 來表示。一般地，對於不同的評價者，他們選擇的效用函數是不相同的。因此，在評價之前，評價者們必須構建他們自己的效用函數。在實際中，心理測評經常被用於計算某些特殊點的效用值和幫助他們決定效用函數。由於模糊偏好關係的元素是兩個評價對象之間的比較值，效用值便不能直接在模糊偏好關係中使用。為了符合模糊偏好關係的定義和特徵，我們需要在兩個效用值之間進行比較。

根據違約風險效用函數的特徵，效用值越高，供應鏈企業的風險越高。效用值的範圍在 [0，1] 之間。$u_l = 0$ 表示風險是最小的，$u_l = 1$ 表示風險是最大的。此外，在文中，我們認為效用的增長是線性的。因此，基於指標 x_l 的效用

u_l 是一個模糊的風險評價。

評價者們經常不得不基於一個特定的指標評價許多企業。如果他們僅僅針對兩個企業進行比較,那麼評價過程就會容易得多。因此,偏好關係就是為了解決這樣的問題而構建的。

我們假設評價者是風險中性的。$Y = \{y_1, y_2, \cdots y_n\}$ 是供應鏈企業集合,$X = \{x_1, x_2, \cdots x_m\}$ 是自發違約風險評價指標的集合。如果指標是有利的指標,違約風險效用函數便可以用 $u_i^{(l)} = u(x_i^{(l)}) = \dfrac{x_{max}^{(l)} - x_i^{(l)}}{x_{max}^{(l)} - x_{min}^{(l)}}$ 來表示。否則,該效用函數就表示為 $u_i^{(l)} = u(x_i^{(l)}) = \dfrac{x_i^{(l)} - x_{min}^{(l)}}{x_{max}^{(l)} - x_{min}^{(l)}}$,$i, j = 1, 2, \cdots, n$,$l = 1, 2, \cdots, m$。在效用函數裡,$x(l)_i$ 是供應鏈企業 y_i 在指標 x_l 下的值,$x_{max}^{(l)}$ 是供應鏈企業中的最大值,$x_{min}^{(l)}$ 是最小值。

在文中,由定量指標值得到的效用值不能夠被直接用到偏好關係中,在此我們引入了一個簡單的公式:

$$u_{ij}^{(l)} = \dfrac{u_i^{(l)}}{u_i^{(l)} + u_j^{(l)}} \qquad (5-22)$$

$u_{ij}^{(l)}$ 指偏好關係中的元素,$u_i^{(l)}$ 和 $u_j^{(l)}$ 是企業 y_i 和 y_j 基於指標 x_l 的效用值。指標 x_l 的模糊偏好關係可以被表示為 $U(l) = (u_{ij}^{(l)})_{n \times n}$。

如果 $u_i^{(l)} = 0$,則無法利用公式(5-22)進行計算 $u_{ii}^{(l)}$。基於偏好關係的定義,令 $u_{ii}^{(l)} = 0.5$。

由於 $u_{ij}^{(l)} \in [0, 1]$,$u_{ij}^{(l)} + u_{ji}^{(l)} = \dfrac{u_i^{(l)}}{u_i^{(l)} + u_j^{(l)}} + \dfrac{u_j^{(l)}}{u_j^{(l)} + u_i^{(l)}} = 1$ 且 $u_{ii}^{(l)} = 0.5$,矩陣 $U(l) = (u_{ij}^{(l)})_{n \times n}$ 為一個模糊偏好關係,且是 CCMs 的一個特例。模糊偏好關係中的元素 $u_{ij}^{(l)}$ 表示相對於 y_j 偏愛 y_i 的程度。$u_{ij}^{(l)} > 0.5$ 表示相對於 y_j 評價者更偏愛 y_i,同理,$u_{ij}^{(l)} < 0.5$ 表示評價者更偏愛 y_j。$u_{ij}^{(l)}$ 的值越大,相對於 y_j 而言,對 y_i 的偏愛程度更強。

(4)定性指標下風險的 CCMs 的構建。

定性指標是基於供應鏈企業違約風險的主觀描述和分析進行評價的,它不能用精確的數字描述和數據分析進行評價。因此,定性指標的評價過程應基於多個評價者的意見。然而,由於指標和評價對象的不同,評價者所掌握的信息有限,他們所提供的意見會根據不同的實際情況以不同的判斷形式表現出來。因而包含了模糊判斷、區間模糊判斷、猶豫判斷及隨機判斷的複雜判斷就可以

在基於定性指標下供應鏈企業自發違約風險的評價過程中得到應用。

當評價者在供應鏈企業 y_i 和 y_j 之間給出他們對於這二者之間的比較關係意見的時候,這個結果可能會以模糊判斷、區間模糊判斷、猶豫模糊判斷等的形式表現出來。但是所有的這些判斷形式都可以被看作隨機判斷的特殊情況,所以隨機判斷將是表達評價者意見的一般形式。由定義 5-1 可知,我們可以基於指標 x_l 構建 CCM,表示為 $C^{(l)} = (c_{ij}^{(l)})_{n \times n}$,$c_{ij}^{(l)}$ 代表了根據評價者們的觀點 y_i 優於 y_j 程度的集合。

5.2.1.2　基於 CCMs 的供應鏈企業自發違約風險評價方法

我們首先構建了供應鏈企業自發違約風險 CCM,然後評估了基於 CCM 的自發違約風險,步驟如下:

步驟1:得到基於定性指標和定量指標的 CCM。

對於定性指標,當評價者們提供關於 y_i 優於 y_j 程度的意見時,他們的意見可以是模糊的、區間的或是猶豫的,在此條件下建立 CCM。

對於定量指標,指標的值可以通過效用函數轉化為效用值,然後我們應用式 (5-4) 對他們進行模糊化處理,建立模糊偏好關係 (CCM 的特殊形式)。

步驟2:檢驗 CCMs 的一致性,如果一致性無法通過,則獲取改進後的 CCMs。

基於 CCMs,Zhu 等人 (2015)[194] 定義了一個期望指標來度量 C 的一致性:

$$E(CR_C) = \int_{C(\zeta)} CR_Z(\zeta) d\zeta \quad (5-23)$$

$CR_Z(\zeta)$ 為相應的一致性指標,基於隨機比較矩陣 $Z = (\zeta_{ij})_{n \times n}$,可利用公式 $CR = CI/RI = [(\lambda_{max} - n)/(n - 1)]/RI$ (Wang 等,2007)[202] 計算該指標。其中矩陣 $Z = (\zeta_{ij})_{n \times n}$ 中元素 $\zeta_{ij} \in c_{ij}^p$,並且由概率函數 $F(\zeta_{ij})$ ($i, j = 1, 2, \cdots, n$) 確定。RI 是一個隨機指標,其參照值見表 5-3。

表 5-3　　　　　　　　不同 n 值對應的 RI 偏好值

n	1	2	3	4	5	6	7	8	9	10
RI	0	0	0.52	0.89	1.12	1.26	1.36	1.41	1.46	1.49

如果 $E(CR_C) < 0.1$,則 C 通過一致性檢驗,否則不通過。

如果 C 的一致性不通過,則 Zhu 等人 (2015)[203] 引進了一個隨機一致性改進方法,用於獲取改進後通過一致性的 CCM,具體過程如圖 5-8 所示。

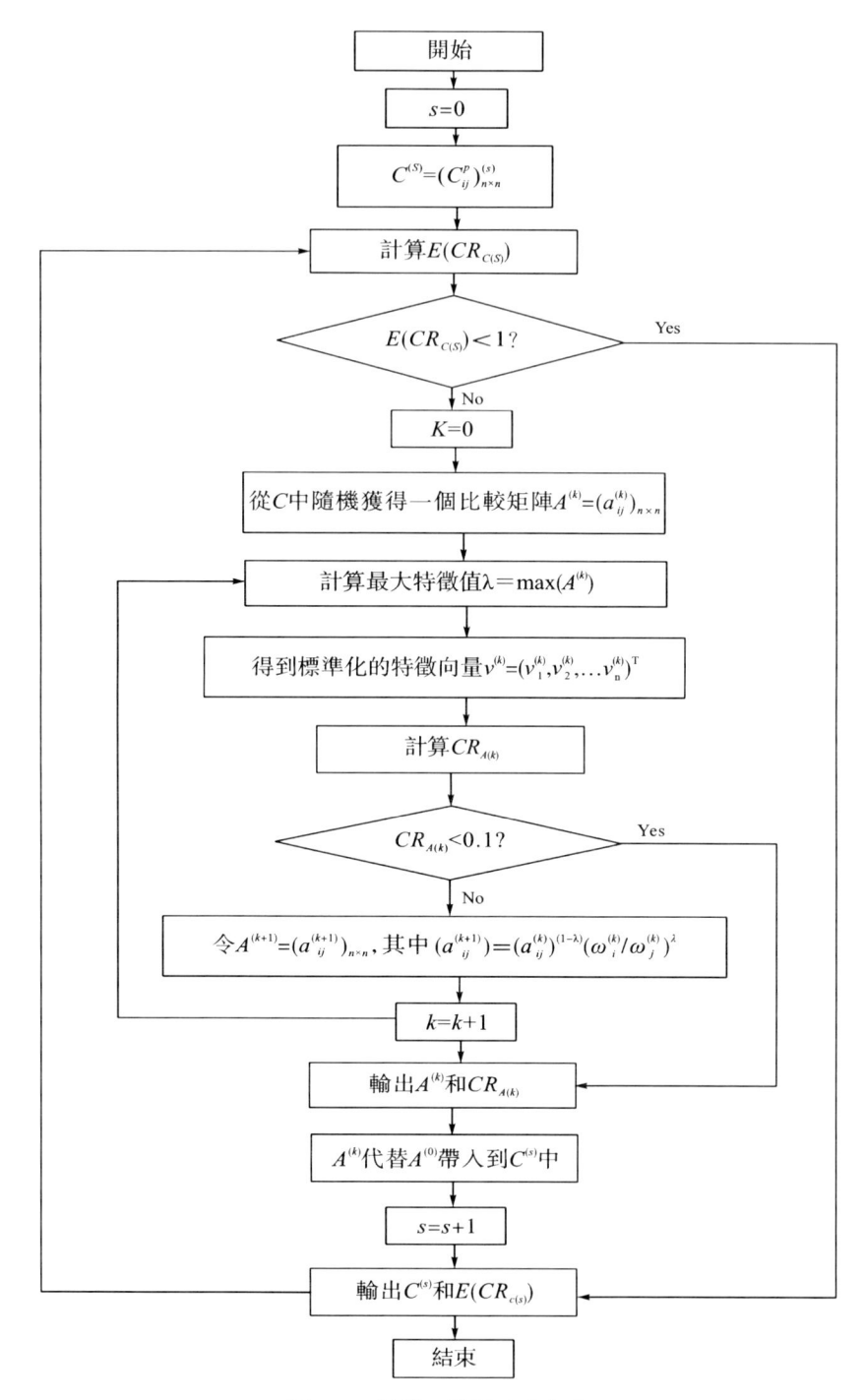

```
                    ┌──────┐
                    │ 開始 │
                    └───┬──┘
                        │
                    ┌───┴──┐
                    │ s=0  │
                    └───┬──┘
                        │
              ┌─────────┴──────────┐
              │ $C^{(S)}=(C^p_{ij})^{(s)}_{n×n}$ │
              └─────────┬──────────┘
                        │
         ┌──────────────┴──────────────┐
    ┌───>│    計算 $E(CR_{C(S)})$      │
    │    └──────────────┬──────────────┘
    │                   │
    │              ╱─────┴─────╲        Yes
    │             ╱ $E(CR_{C(S)})<1$? ╲──────┐
    │             ╲                  ╱       │
    │              ╲─────┬─────╱             │
    │                   │No                  │
    │              ┌────┴────┐               │
    │              │  K=0    │               │
    │              └────┬────┘               │
    │                   │                    │
    │    ┌──────────────┴──────────────────┐ │
    │    │ 從C中隨機獲得一個比較矩陣 $A^{(k)}=(a^{(k)}_{ij})_{n×n}$ │
    │    └──────────────┬──────────────────┘ │
    │                   │                    │
    │    ┌──────────────┴──────────────┐     │
    │┌──>│ 計算最大特徵值 $λ=\max(A^{(k)})$ │     │
    ││   └──────────────┬──────────────┘     │
    ││                  │                    │
    ││   ┌──────────────┴──────────────┐     │
    ││   │ 得到標準化的特徵向量 $v^{(k)}=(v^{(k)}_1,v^{(k)}_2,…v^{(k)}_n)^T$ │
    ││   └──────────────┬──────────────┘     │
    ││                  │                    │
    ││           ┌──────┴──────┐             │
    ││           │ 計算 $CR_{A(k)}$ │           │
    ││           └──────┬──────┘             │
    ││                  │                    │
    ││             ╱────┴────╲       Yes     │
    ││            ╱ $CR_{A(k)}<0.1$? ╲────┐   │
    ││            ╲               ╱    │   │
    ││             ╲────┬────╱         │   │
    ││                  │No             │   │
    ││   ┌──────────────┴──────────────┐│   │
    ││   │ 令 $A^{(k+1)}=(a^{(k+1)}_{ij})_{n×n}$,其中 $(a^{(k+1)}_{ij})=(a^{(k)}_{ij})^{(1-λ)}(ω^{(k)}_i/ω^{(k)}_j)^λ$ │
    ││   └──────────────┬──────────────┘│   │
    ││                  │                │   │
    ││            ┌─────┴─────┐          │   │
    │└────────────│  k=k+1    │          │   │
    │             └─────┬─────┘          │   │
    │                   │<───────────────┘   │
    │        ┌──────────┴──────────┐         │
    │        │ 輸出 $A^{(k)}$ 和 $CR_{A(k)}$ │         │
    │        └──────────┬──────────┘         │
    │                   │                    │
    │    ┌──────────────┴──────────────┐     │
    │    │ $A^{(k)}$代替$A^{(0)}$帶入到$C^{(s)}$中 │     │
    │    └──────────────┬──────────────┘     │
    │                   │                    │
    │              ┌────┴────┐                │
    │              │  s=s+1  │                │
    │              └────┬────┘                │
    │        ┌──────────┴──────────┐         │
    └────────│ 輸出 $C^{(s)}$ 和 $E(CR_{c(s)})$ │<────────┘
             └──────────┬──────────┘
                        │
                    ┌───┴──┐
                    │ 結束 │
                    └──────┘
```

圖 5-8　隨機一致性改進方法

圖 5-8 中，s 和 k 表示迭代次數，$A^{(k)}$ 表示從複雜比較矩陣 C 中得到的一個隨機矩陣，$v^{(k)}$ 表示標準化後的特徵向量。

步驟 3：計算通過概率。

在獲得改進通過一致性檢驗的 CCM 後，有必要使用排序方法根據改進後的 CCM 獲得一個排序。在過去幾十年中，獲取偏好關係的排序方法層出不窮，比如古典特徵向量法（Wang 等，2007）[203]、chi-square 方法（Choo 等，2004）[204]、目標規劃法（Xu，2004[205]；Choo 等，2004[204]；Fan 等，2006[206]；Xu 等，2007[207]）、最小二乘法（Gong，2008）[208] 和模糊線性規劃法（Zhu 等，2014）[209]。基於隨機偏好風險，Zhu 等（2015）[203] 引進了目標規劃法，它可以應用於 CCMs，該方法具體如下：

$$\min D_C(\zeta, \omega(\zeta))$$
$$s.t. \begin{cases} \omega_i^{(\zeta)} \geq 0, i = 1, 2, \cdots, n \\ \sum_{i=1}^{n} \omega_i^{(\zeta)} = 1 \end{cases} \quad (5-24)$$

其中，$D_C(\zeta, \omega^{(\zeta)})$ 表示平均一致性，並且可以由下式計算：

$$D_C(\zeta, \omega^{(\zeta)}) = \frac{n(n-1)}{2} \sum_{i<j} |\omega_i^{(\zeta)} - \omega_j^{(\zeta)}| \zeta_{ij} \quad (5-25)$$

一個隨機比較 $Z = (\zeta_{ij})_{n \times n}$ 由密度函數 $f(\zeta_{ij})$ 確定，並且 $\zeta_{ij}(i, j = 1, 2, \cdots, n)$ 的聯合概率分佈可由下式確定（Zhu 等，2014）：

$$f(\zeta) = \prod_{i<j} f_{ij}(\zeta_{ij}) \quad (5-26)$$

對於供應鏈企業 y_i，用於其排序的函數如下：

$$rank_i(\omega) = 1 + \sum_{k=1}^{n} \rho(\omega_k > \omega_i) = r \quad (5-27)$$

其中，$\rho(true) = 1$ 且 $\rho(false) = 0$。

因此，使得 y_i 排序位為 r 的判斷通過概率可做如下規定（Zhu 等，2014）：

$$b_i^r = \int_{Zr(\zeta)} f(\zeta) d\zeta \quad (5-28)$$

步驟 4：基於定性指標和定量指標獲得企業權重的整體接受概率。

定義如下：

$$o_i = \sum_r \alpha^r b_i^r \quad (5-29)$$

其中，α^r 可能是線性權重（$\alpha^r = (n-r)/n-1$）、相反權重（$\alpha^r = 1/r$）或者中心權重（$\alpha^r = \frac{\sum_{i=r}^{n} 1/i}{\sum_{i=1}^{n} 1/i}$）。標準化後的整體概率可如下表示：

$$p_i = \frac{o_i}{\sum_i o_i} = \frac{\sum_r \alpha^r b_i^r}{\sum_i \sum_r \alpha^r b_i^r} \qquad (5-30)$$

它可被視為基於某指標的企業 y_i 的權重。

因此，矩陣 $P_s = (p_i^{(l)})_{m \times n}$ 得以建立，其中元素 $p_i^{(l)}$ 表示基於指標 x_i 供應鏈企業 y_l 的權重。

步驟5：獲取自發違約風險。

通過成對比較以及基於自發違約風險評價指標體系，我們構建了偏好關係 $H = (h_{ij})_{m \times m}$，它不同於複雜比較矩陣 $C = (c_{ij}^p)_{n \times n}$，後者表示兩個企業基於同一指標下的比較關係。於是我們很容易利用目標規劃方法得到指標的權重向量 $\omega_s = (\omega_i)_{1 \times m} = (\omega_1, \omega_2, \cdots, \omega_m)$。因此，自發違約風險可表示為：

$$R_s = \omega_s P_s = (r_s)_{1 \times n} \qquad (5-31)$$

5.2.2 供應鏈企業傳染違約風險度量

正如供應鏈企業違約風險的基本度量模型所示，在穩定的供應鏈結構中，傳染違約風險主要由自發違約風險和 RNM 決定。自發違約風險在評價指標體系的基礎已通過模糊偏好關係度量。因此，這部分將主要解決如何構建 RNM。

由於傳染違約風險的影響程度取決於傳染路徑的選擇。傳染路徑依賴於交易對手的選擇和交易量的選擇。為了囊括這些信息，我們選擇利用 RNM 來度量供應鏈企業的傳染違約風險。首先，對於交易對手的選擇，如果兩個企業之間存在關聯交易，交易商的選擇所對應的值為1，否則為0。我們對此可做如下標記：

$$a_{ij} = \begin{cases} 1 & \text{企業} i \text{和企業} j \text{之間存在關聯交易} \\ 0 & \text{其他} \end{cases} \qquad (5-32)$$

而對於交易量的選擇，我們通過計算一年內與其他企業總的交易量來衡量。另外，相同的交易量對於不同供應鏈企業的影響不同，因此每個企業面臨的傳染違約風險亦不同。因此，一些企業自身因素決定了交易量的影響程度。於是我們選擇包含以上兩個方面信息的相對指標來度量交易量的影響程度。對於供應鏈企業中的供應方，我們選擇最近一年累計銷售給關聯企業的產品或原材料金額占該企業一年總銷售金額的比例作為交易量的影響程度的度量值。對於供應鏈企業中的需求方，我們選擇其最近一年累計從關聯企業購買的商品金額占產品購買支出的比例作為交易量的影響程度的度量值。特別地，企業對自身的影響程度為0。比如，對於供應鏈系統中的任意兩個風險企業 i 和 j，其中

i為供應方，j為需求方，則對於企業i而言，企業j的交易量的影響程度為：

$$b_{ji} = \frac{\text{企業}i\text{和企業}j\text{最近一年的關聯交易金額之和}}{\text{企業}i\text{最近一年總銷售額}}$$

同理，對於企業j而言，企業i的交易量的影響程度為：

$$b_{ij} = \frac{\text{企業}i\text{和企業}j\text{最近一年的關聯交易金額之和}}{\text{企業}j\text{最近一年總銷售額}}。$$

並且我們定義企業i對企業j的影響程度如下：

$$c_{ij} = a_{ij} \cdot b_{ij} \tag{5-33}$$

所以 RNM 如下所示：

$$\begin{bmatrix} c_{11} & \cdots & c_{1j} & \cdots & c_{1n} \\ \vdots & & \vdots & & \vdots \\ c_{i1} & \cdots & c_{ij} & \cdots & c_{in} \\ \vdots & & \vdots & & \vdots \\ c_{n1} & \cdots & c_{nj} & \cdots & c_{nn} \end{bmatrix}$$

由於反應了傳染違約風險影響程度的 RNM 已經確定，供應鏈企業的傳染違約風險亦確定如下：

$$R_c = \sum_{i=1}^{m} Ai \cdot R_s \tag{5-34}$$

5.2.3 實例分析

接下來，我們將評價供應鏈違約風險的方法應用到一個實例中。瀘州老窖是中國一個著名的上市企業，其主要的經營業務是白酒的生產。瀘州老窖作為每年納稅額超過 10 億元，在白酒行業中排名第四的企業，在中國經濟中佔有重要的地位。因此，由瀘州老窖及其上下游企業構成的供應鏈具有一定代表性和科學研究價值。

我們選擇以瀘州老家為核心企業的白酒供應鏈作為研究對象。在該白酒供應鏈中，瀘州老窖上下游存在著許多供貨商和經銷商。在這一節中，我們將構建的違約風險評價方法應用到供應鏈企業違約風險的評價和度量中。為了簡化分析過程，我們選擇了八個與瀘州老窖有著直接或者間接交易的典型企業，包括核心企業在內共有 9 個供應鏈企業。

5.2.3.1 供應鏈網路結構構建

在文中我們構建了基於企業之間相關交易的供應鏈網路。瀘州老窖的生產經營範圍包括白酒釀造、銷售、廣告等。所有的經營活動都會與上下游企業之

間產生相關交易。除了與核心企業有著直接聯繫的相關交易，其他供應鏈企業之間也可能會發生相關交易。所有相關的企業之間構成了一張供應鏈網路，如圖 5-9 所示。

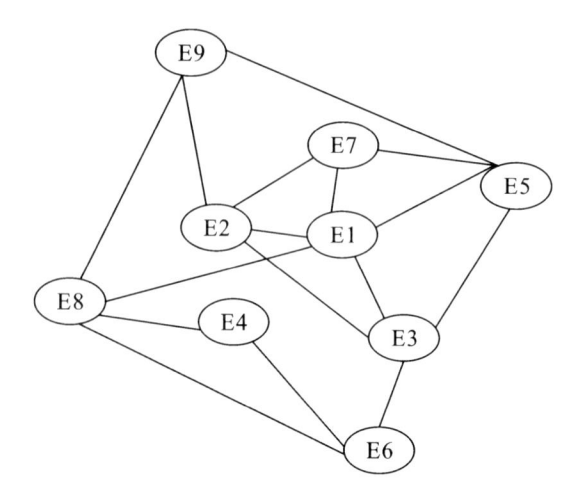

圖 5-9　酒類供應鏈網路結構

在圖 5-9 中，$E1$ 代表了核心企業瀘州老窖，其他的結點代表了上下游的非核心企業。這些相連接的線代表兩個企業之間存在關聯交易。

從圖 5-9 中我們可以看到，每個企業都與不止一個企業之間有著關聯交易。如果供應鏈中的一個企業觸發了風險，那麼它的影響就會傳播到其他企業，因此整個供應鏈都會面臨違約風險問題。

5.2.3.2　供應鏈企業違約風險評價

對於定性指標，CCMs 由兩類企業在同一指標下的比較偏好關係得到。以領導素質這一指標為例，我們可構建 CCMs 如下：

$$C^{(1)} = \begin{pmatrix} 0.5 & 0.6 & 0.8 & 0.4 & 0.3 & 0.4 & 0.4 & 0.7 & 0.4 \\ 0.4 & 0.5 & 0.7 & 0.1 & 0.2 & 0.7 & 0.2,0.4,0.7 & 0.3 & 0.2 \\ 0.2 & 0.3 & 0.5 & 0.9 & 0.3 & 0.6 & 0.7 & 0.8 & 0.8 \\ 0.6 & 0.9 & 0.1 & 0.5 & 0.1 & 0.2 & 0.4,0.6 & 0.9 & 0.6 \\ 0.7 & 0.8 & 0.7 & 0.9 & 0.5 & 0.3 & 0.3 & 0.3 & 0.7 \\ 0.6 & 0.3 & 0.4 & 0.8 & 0.2 & 0.5 & 0.6 & 0.2 & 0.9 \\ 0.6 & 0.3,0.6,0.8 & 0.3 & 0.4,0.6 & 0.7 & 0.4 & 0.5 & 0.1 & 0.2 \\ 0.3 & 0.7 & 0.2 & 0.1 & 0.7 & 0.8 & 0.9 & 0.5 & 0.4 \\ 0.6 & 0.8 & 0.2 & 0.4 & 0.3 & 0.1 & 0.8 & 0.6 & 0.5 \end{pmatrix}$$

其中，第二行第七列的隨機變量 $\zeta_{27}^{(1)}$ 的分佈如表 5-4 所示，第四行第七

列的隨機變量 $\zeta_{47}^{(1)}$ 的分佈如表 5-5 所示。

表 5-4　　　　　　　　　　$\zeta_{27}^{(1)}$ 的分佈律

ζ	0.2	0.4	0.7
P	0.2	0.3	0.5

表 5-5　　　　　　　　　　$\zeta_{47}^{(1)}$ 的分佈律

ζ	0.4	0.6
P	0.8	0.2

然後利用公式（5-23）檢驗領導素質（x_1）CCM 的一致性，通過利用 MATLAB 軟件編程可得其一致性：

$E(CR_1) = -0.572,3 < 0.1$

由於該一致性小於 0.1，因此領導素質這一指標所對應的 CCM 通過了一致性檢驗。接下來，我們可以利用公式（5-28）計算判斷通過概率，並利用公式（5-29）得到整體通過概率，具體結果如下：

$o_1 = (0, 0.312,5, 0.312,5, 0.5, 0.125, 0.625, 0.75, 0.93, 0.945)$

將上述結果標準後，可得到基於本書所構建的指標體系下企業的最終權重：

$p_1 =$
$(0, 0.069,4, 0.069,4, 0.111,1, 0.027,8, 0.138,9, 0.166,7, 0.206,7, 0.210,0)$

同理，其他指標所對應的評價值亦可以依此獲得，其結果如表 5-6 所示。

表 5-6　　　　　　　不同指標下供應鏈企業的評價值

企業 指標	1	2	3	4	5	6	7	8	9
x_1	0	0.069,4	0.069,4	0.111,1	0.027,8	0.138,9	0.166,7	0.206,7	0.210,0
x_2	0	0.055,6	0.027,8	0.111,1	0.083,3	0.138,9	0.194,4	0.167,8	0.222,2
x_3	0.027,8	0	0.081,9	0.056,9	0.138,9	0.141,7	0.136,1	0.194,4	0.222,2
x_4	0	0.083,3	0.027,8	0.055,6	0.111,1	0.152,8	0.152,8	0.194,4	0.222,2
x_5	0.027,8	0.000,0	0.055,6	0.083,3	0.138,9	0.122,2	0.155,6	0.194,4	0.222,2
x_6	0	0.027,8	0.055,6	0.083,3	0.111,1	0.138,9	0.194,4	0.166,7	0.222,2
x_7	0.027,8	0.000,0	0.055,6	0.111,1	0.083,3	0.138,9	0.194,4	0.166,7	0.222,2

表5-6(續)

企業 指標	1	2	3	4	5	6	7	8	9
x_8	0	0.027,8	0.055,6	0.013,9	0.194,4	0.083,3	0.111,1	0.166,7	0.222,2
x_9	0.111,1	0.111,1	0.111,1	0.111,1	0.111,1	0.111,1	0.111,1	0.111,1	0.111,1
x_{10}	0.111,1	0.111,1	0.111,1	0.111,1	0.111,1	0.111,1	0.111,1	0.111,1	0.111,1
x_{11}	0	0.012,6	0.042,3	0.067,7	0.015,1	0.181,2	0.180,6	0.175,8	0.324,6
x_{12}	0.028,1	0.000,0	0.068,8	0.097,5	0.067,5	0.171,5	0.126,6	0.195,8	0.244,2
x_{13}	0	0.083,7	0.043,0	0.084,3	0.129,7	0.132,1	0.132,3	0.131,5	0.263,4
x_{14}	0	0.063,2	0.075,5	0.092,8	0.127,0	0.123,5	0.150,0	0.159,1	0.208,9
x_{15}	0	0.062,7	0.063,8	0.075,9	0.131,6	0.133,4	0.133,7	0.133,7	0.265,2
x_{16}	0	0.050,4	0.083,9	0.079,7	0.089,6	0.126,5	0.162,9	0.161,3	0.245,7
x_{17}	0	0.062,2	0.084,8	0.081,3	0.103,9	0.120,8	0.157,7	0.140,1	0.249,3
x_{18}	0	0.082,9	0.060,4	0.089,6	0.125,8	0.101,2	0.179,1	0.125,8	0.235,2
x_{19}	0	0.028,6	0.081,6	0.078,6	0.066,7	0.151,2	0.143,0	0.161,8	0.288,4
x_{20}	0.069,4	0.038,2	0.070,3	0.115,8	0.135,4	0.144,5	0.145,6	0.145,3	0.135,4
x_{21}	0.059,1	0.071,6	0.059,0	0.059,0	0.059,0	0.148,0	0.152,4	0.140,8	0.251,1
x_{22}	0.057,7	0.065,2	0.065,3	0.057,7	0.057,7	0.137,1	0.147,3	0.134,5	0.277,5
x_{23}	0.071,1	0.063,4	0.069,3	0.070,4	0.082,0	0.138,9	0.139,3	0.070,2	0.295,5
x_{24}	0.036,9	0.000,0	0.032,7	0.013,0	0.024,5	0.100,8	0.188,1	0.196,1	0.407,9
x_{25}	0.071,4	0.000,0	0.000,0	0.000,0	0.000,0	0.086,8	0.133,5	0.251,8	0.456,5
x_{26}	0.111,1	0.111,1	0.111,1	0.111,1	0.111,1	0.111,1	0.111,1	0.111,1	0.111,1
x_{27}	0.072,3	0.089,2	0.090,3	0.086,6	0.123,6	0.100,1	0.131,1	0.089,2	0.217,6
x_{28}	0	0.069,5	0.079,9	0.077,6	0.100,5	0.133,6	0.139,9	0.145,6	0.253,5
x_{29}	0	0.052,2	0.099,5	0.093,1	0.110,7	0.101,5	0.160,4	0.184,9	0.197,7
x_{30}	0	0.013,7	0.017,6	0.096,2	0.030,2	0.188,1	0.170,5	0.192,0	0.291,7

接下來可依次根據指標體系、兩兩指標比較構建相應的偏好關係並得到各指標的權重如下：

ω_s = (0.013,0, 0.007,8, 0.010,9, 0.028,3, 0.022,3, 0.021,8, 0.018,7, 0.016,4, 0.023,5,0.026,6,

0.017,5, 0.018,3, 0.027,6, 0.031,9, 0.025,7, 0.031,3, 0.031,8, 0.036,3, 0.032,4,0.036,1,

0.031,7, 0.032,0, 0.031,3, 0.062,2, 0.057,6, 0.055,1, 0.047,5, 0.046,2, 0.048,2, 0.110,1)

基於每個指標所對應的結果，可經過整合後得到各供應鏈企業的風險權重，並根據式（5-31）可得出各企業的自發違約風險，具體結果如下：

R_s = (0.032,0.049,0.062,0.077,0.085,0.130,0.151,0.159,0.253)

(5-35)

從（5-35）式可以看出，核心企業 $E1$ 的自發風險最小為 0.032。對各企業的違約風險從小到大排序可得以下結果：

$E1 > E2 > E3 > E4 > E5 > E6 > E7 > E8 > E9$

在供應鏈網路中，我們可利用公式（5-33）和（5-34）計算 RNM 中的值，結果如表 5-7 所示。

表 5-7　　　　　　　　風險數值矩陣

	1	2	3	4	5	6	7	8	9
1	0	0.42	0.21	0	0.07	0	0.03	0.02	0
2	0.74	0	0.04	0.01	0	0	0.02	0	0.05
3	0.82	0.1	0	0	0.1	0.08	0	0	0
4	0	0.58	0	0	0	0.35	0	0.05	0
5	0.35	0	0.63	0	0	0	0.05	0	0.04
6	0	0	0.44	0.33	0	0	0	0.1	0
7	0.32	0.65	0	0	0.04	0	0	0	0
8	0.24	0	0	0.03	0	0.21	0	0	0.14
9	0	0.71	0	0	0	0.12	0	0.12	0

結合供應鏈企業自發違約風險模型和公式（5-18），可以得到傳染違約風險，如下所示：

R_c = (0.158,6, 0.377,3, 0.639,6, 0.384,0, 0.439,1, 0.258,7, 0.357,4, 0.186,6, 0.520,0)

通過觀察傳染違約風險可發現，核心企業的傳染風險仍最小，將風險大小

升序排列可得如下結果：

$E1 > E8 > E6 > E7 > E2 > E4 > E5 > E9 > E3$

根據供應鏈企業違約風險的基本度量模型（2），我們將自發違約風險和傳染違約風險整合，可得各供應鏈企業總違約風險大小，結果如下所示：

$R = (0.190, 6, 0.426, 3, 0.701, 6, 0.461, 0, 0.524, 1, 0.388, 7, 0.508, 4, 0.345, 6, 0.773, 0)$

根據最終結果，我們可對各企業的總違約風險按從小到大的順序排序，結果如下：

$E1 > E8 > E6 > E2 > E4 > E7 > E5 > E3 > E9$

傳染違約風險的供應鏈企業排序與自發違約風險供應鏈企業排序相比較，我們可以發現，除了 $E1$，供應鏈企業的違約風險排位改變了很多。因此，傳染違約風險受供應鏈企業之間的關聯性的影響。違約風險供應鏈企業排序與傳染違約風險供應鏈企業排序相比較，$E2$、$E3$、$E4$、$E7$、$E9$ 的位置變化，而其他的保持不變。違約風險企業排序與自發違約風險企業排序相比較，$E1$ 和 $E9$ 的位置不變，其餘的企業位置有所變化。儘管核心企業的關聯交易數量是最大的，但其違約風險值是最小的，這是由於核心企業自身的經營和所處環境相對穩定，更能影響其違約風險評估值。從結果中我們可以知道，供應鏈企業違約風險會受到供應鏈企業自身的風險特徵和供應鏈傳染特徵的影響。因此，供應鏈企業違約風險的評價應該由自發違約風險和傳染違約風險共同評價。

5.2.4 結論

供應鏈系統內各企業之間的關聯交易，使得供應鏈中某個供應鏈企業的違約風險評估和度量顯得尤為複雜。其違約風險的評估和度量不僅考察單個企業的違約特徵，而且還要考慮到其他企業的違約行為對該企業的傳染本質。因此，我們從違約風險的產生源頭出發，將供應鏈企業違約風險分為自發違約風險和傳染違約風險兩部分。首先在構建供應鏈企業違約風險指標體系的基礎上，考慮供應鏈企業違約風險的評價指標信息特徵，結合模糊偏好關係在刻畫信息方面的優越性，提出基於模糊偏好關係的自發違約風險評估方法。其次，基於供應鏈企業之間的關聯性構造 RNM，在自發違約風險度量的基礎上，結合矩陣分析的思想刻畫了違約風險在供應鏈系統中的傳染路徑，並進一步度量了違約風險的傳染效應。最後，我們對提出的供應鏈企業違約風險模型進行了案例分析，展示了模型的應用過程。結果表明：該方法在評估供應鏈企業違約風險方面具有一定的實用性和可操作性。

本書提出的供應鏈企業違約風險評價方法具有如下特點：第一，該評價方法考慮了評價信息在現實中獲取的局限性以及專家或評估者評估的習慣，而模糊偏好關係能合理解決此問題；第二，我們基於模糊偏好矩陣提出了供應鏈企業自發違約風險評估和度量方法，而該度量的結果是供應鏈系統中各企業違約風險傳染的基礎所在；第三，我們利用 RNM 反應了不同風險點之間因果作用的強度值這一特徵來刻畫供應鏈系統中各企業間的關聯關係。第四，我們利用矩陣分析刻畫供應鏈系統中各供應鏈企業的傳染路徑並度量了傳染效應。

　　本書以銀行等金融機構的視角對供應鏈企業違約風險進行評估，該評估方法可為銀行等金融機構控製信貸風險提供理論支持和實務操作方向，同時也為供應鏈系統中企業自身的風險管控提供幫助。因此，本書的工作具有一定的理論意義和實際操作意義。儘管如此，本書提出的方法僅僅基於評價指標，且刻畫傳染路徑和度量傳染效應的方法也較為簡單，即沒有考慮某個供應鏈企業具體單個評價指標對另一個供應鏈企業相應指標的傳導效應，因此，如何細化度量某個具體指標的傳導效應是下一步要做的工作。

6 供應鏈金融生態理論

6.1 供應鏈金融生態

6.1.1 金融生態

6.1.1.1 金融生態的起源與內涵

金融生態的產生離不開生態經濟學的理論研究基礎。20世紀60年代末，美國經濟學家Kenneth在其《一門科學——生態經濟學》一書中首次正式提出「生態經濟學」的概念。作為一門將生態學和經濟學有機結合的邊緣學科，生態經濟學嘗試提供一個新手段來研究生態和經濟之間的關係，從動態的、進化的、系統的角度來分析問題。

自2004年周小川公開提出「金融生態」並將其上升至政策與法制的層面後，這一概念內涵引起了學界探討與研究的興趣。周小川（2004）①認為，金融生態指的是金融運行的一些基礎條件，它包括法律制度環境的好壞、市場體系的完善程度、企業改革到位與否等方面。與其觀點相似，曾康霖（2007）[210]也從金融生態環境角度進行闡釋，認為金融生態的核心內容是金融企業的生命力和生存環境。與此同時，也有學者將金融生態內涵的理解昇華到以金融生態系統觀進行闡述。李揚等（2005）[211]指出，金融體系的運行不僅涉及其賴以活動的區域的政治、經濟、文化、法制等基本環境要素，還涉及這種環境的具體構成及變化以及由此導致的主體行為異化對整個金融生態系統所產生的影響。徐諾金（2005）[222]認為，對金融生態系統的研究需要從金融生態環境、金融生態主體、金融生態調節三個方面進行。陳哲等（2012）[223]將金融生態系統定義為由金融主體、金融客體及其賴以存在和發展的金融生態環

---

① 中國人民銀行行長周小川2004年12月2日在「中國經濟50人論壇」上的講話。

境構成的彼此依存、相互影響、共同發展的動態平衡系統。本書傾向於將陳哲的觀點作為界定供應鏈金融生態的概念基礎。

金融主體由金融仲介機構、金融市場、金融產品和服務供給與需求群體、金融監管機構等組成，金融生態環境則包括制度環境、信用環境、法律與監管環境等。韓廷春（2010）[224]通過建立影響金融生態系統內在調節效果、外在調節力度和判斷金融生態系統平衡性的指標體系，對金融生態系統的失衡及調節機制進行實證研究後發現，金融生態系統的調節機制與金融生態系統的平衡性之間關係密切。本書認為金融主體和金融生態環境的相互作用決定了金融生態系統的動態性，因此金融主體的內在調節機制和對於金融生態環境的外在調節機制應相互補充，共同維持金融生態的平衡和穩定。

6.1.1.2 金融生態的基本特徵

通過分析金融生態的起源與內涵，結合國內外學者的研究，我們認為，金融生態具有以下幾個特徵：

（1）關聯性。如同自然界中各種生態環境之間緊密關聯，在金融生態中，不同金融要素之間的關聯性同樣緊密。這種關聯性首先表現為金融活動主體內部的相互關聯，中小企業等資金需求方與商業銀行、小貸公司等資金供給方、中小企業與核心企業、金融監管機構與金融仲介機構之間的緊密聯繫及其相互交易，維持著所構成的金融生態的日常運轉。另外，在金融生態體系中，參與主體與其外部環境之間也存在關聯性，這種關聯性直接影響著金融生態系統的平衡狀況。

（2）適應性。在自然界中，生物與生物之間、生物與環境之間通過相互作用而達到生態平衡。一方面，外界環境條件的不同會引起生物形態構造、生理活動、化學成分、遺傳特性和地理分佈的差異；另一方面，生物為適應不同的環境條件也必須不斷調整自己。金融生態也是如此。由於各國的法律體制、經濟條件、社會特性、文化傳統等各種外部環境不同，必然會造成各國金融生態具有不同的特徵。同時，為了適應各自特殊的外部環境，一國的金融活動主體也必須動態地調整自己的交易原則和交易策略。正因為如此，我們在發展金融時，絕不能簡單拷貝成熟市場的金融生態，而必須立足中國的實際，給出中國特殊市場條件下的金融發展模式。

（3）相互依存性。在自然生態中，各種生物之間由於食物鏈的存在而處於相互依存的狀態，生物與其賴以生存的環境之間也存在依賴關係。金融生態也不例外。金融生態的相互依存性主要表現在以下兩個方面：

一是金融活動主體之間的相互依存性。例如：資金供應者為資金需求者提

供的融資為後者的生存和發展增加了動力來源；資金需求者又為資金供應者創造出運用多餘資金獲得收益的機會和渠道；資金供求雙方的融資也為金融仲介機構提供了業務內容和利潤來源；金融機構的活動方便了資金供求雙方的資金調劑，促進著雙方資本運作規模的擴大和資本收益的提高。

二是金融發展對其外部環境的依存性。例如，沒有一個適宜的法律環境、健康的經濟環境、良好的社會環境和寬鬆的政策環境，就必然會窒息金融主體的金融活動，阻礙金融的良性運行與發展。因此，營造金融主體之間以及金融與外部諸環境之間的和諧共榮關係是改善金融生態的核心所在。

（4）演進性。在人類產生以前，自然生態的平衡過程表現為各種生物之間以及各種生物與外界環境的自發性互動。人類產生以後，自然生態的平衡則表現為人與自然（包括自然生物與自然環境）的互動，人類的行為既要受自然環境的影響，又影響著自然環境，在這種相互影響中便形成了自然生態的動態演化。金融生態的發展同樣呈現為不斷演進的動態過程。金融活動產生以後，金融主體就沿襲著自然形成的文化、理念、傳統、法理等不斷進行或發展著金融活動。這種自發的金融活動雖然通過系統內部的自調節功能可以在一定程度上達到系統的平衡，但隨著經濟、社會中各種新生因素的出現，金融系統自調節功能的有效性逐漸遭到削弱，金融生態原有的平衡也隨之被打破，其表現便是金融主體之間、金融與外部環境之間關係的失衡以及由此不斷引發的金融風險與金融危機。為規範金融關係和金融行為，防範金融風險和危機的發生，國家就需要制定相關的金融法律法規和政策，並著力營造適宜的經濟、社會和文化環境，以恢復金融生態的平衡。可見，金融生態的平衡實質上表現為從平衡到不平衡再到平衡的動態演化過程，也是從過去的「自發」平衡到現代的「自為」平衡的過程，在現代金融生態的自為平衡過程中，政府作為金融管理者和調控者發揮著十分重要的作用。

6.1.1.3 金融生態的作用與影響

對於金融生態的外延作用與影響，國內學者做了大量的定性與定量研究。沈軍等（2008）[225]從系統和資源的角度探究金融生態與金融效率之間的關係。通過對河北擔保圈案例研究，萬良勇（2009）[226]指出，形成金融生態的金融生態環境惡化會降低信貸資金配置效率。在對經濟增長的影響方面，國內學者研究成果顯著。李正輝（2008）[227]指出，法律制度、金融市場、信用制度組成金融生態國際競爭力的構成要素的三個方面，各個要素借以保障金融發展進而促進經濟增長的間接效應明顯。韓廷春（2009）[228]發現，金融生態環境改善主要通過提高儲蓄率和儲蓄投資轉化率來促進經濟增長。林欣（2016）[229]

通過定量分析進一步證實了金融生態主體的發展能帶來經濟增長，而經濟增長能帶來金融生態環境的改善。

6.1.1.4 中國金融生態存在的缺陷與政策建議

在維護金融生態系統動態平衡性方面，中國在加深金融主體的市場化程度以及在提高金融生態環境的穩定性和適應性上尚存在缺陷與不足。對於內在調節機制，一方面，中國金融市場雖然發展迅速但並不完善。債券市場不發達，股票市場中企業上市、股票發行和流通中存在較多干預，中國多層次資本市場尚未全面建立。這不僅使得金融生態主體的繁榮發展受到限制，反過來也會削弱其對經濟增長的促進作用。另一方面，雖然金融仲介及金融產品和服務的提供方運行效率近年來得到提高，但改革尚未貫徹深入。不僅金融主體間的競爭秩序亟待規範，證券、保險和信託等非銀行金融機構的發展也應加快推進，金融主體內部包括治理結構的優化、風險管理目標和連續性的明確與保證、代理問題的有效化解等仍是金融企業努力的方向。當內在調節機制失靈時，在外部調節機制的運用上，政府除了應保持貨幣政策的連續性和穩定性從而有效地防控和調節宏觀風險之外，還有責任加強和完善金融的有效監管。與此同時，政府在提高金融生態環境的可持續性方面也應發揮必要的作用，例如構建社會信用仲介服務體系、培育市場化的信用仲介機構、創建良好的信用環境、優化和完善產權結構和金融產權制度、實現投資主體多元化、提高金融市場效率等。只有在內在調節機制與外在調節機制的統一促進、協調發展的過程中，金融生態系統均衡發展才可能得以實現，金融生態系統功能才得以充分發揮，金融生態對經濟增長的正向乘數效應才會越發明顯。

6.1.2 產業共生

6.1.2.1 產業共生的起源與內涵

「共生」作為一個生態學概念，最早由德國生物學家德貝里（Anion Debary）於1879年提出，是指兩種或多種生物（共生單元）之間按照某種模式互相依存和相互作用，實現共同生存、協調進化。當經濟學家嘗試用生物規律解釋經濟現象時，Chertow（2000）[230]對產業共生進行了系統的總結評述，認為產業共生是指將原本獨立的企業經由物質、能量、水或其他副產物的物理交換而產生共贏效應的過程或者現象。而當複雜的經濟環境產業間交互融合程度加深，密切依存關係使企業邊界甚至產業邊界日趨模糊時，經濟學家認為經濟主體之間也存在類似的存續性的物質聯繫，即共生單元之間在一定共生環境中按某種共生模式形成了關係，形成了產業共生。

產業共生發生在產業生態系統中，是指各產業的企業之間，具有經濟聯繫的相似或不同的業務模塊，因某種共生模式實現同類資源共享或異類資源互補而形成產業共生體，該共生體保證了產業鏈的延續，並因提高資源配置效率等原因帶來了價值增值，使整個共生體表現出融合性、互動性和協調性。

6.1.2.2　產業共生的理論發展與分類

　　產業共生的概念來源於產業生態，並通過產業生態系統實現。學界在對產業生態化的討論研究中，也對產業共生的內在運作機制給予關注。胡曉鵬（2008）[231]以資源互換為基礎對產業共生運行機理進行建構性研究，得出結論：不同資源交換模式的共生機理決定了資源配置的制度安排；不同資源交換模式的共生機理隱含了對經濟體制效率的判斷；不同資源交換模式的共生機理蘊涵了產業發展的戰略內容。陳有真等（2014）[232]通過比較產業生態和產業共生之間的關係後認為，產業共生是實現產業生態化的核心，指出構建產業共生體系的難點一方面在於找到合適並且產業關聯性質強的前導產業，另一方面在於形成具有良好產業協同的產業一體化生產模式。

　　在對產業共生的分類上，國內有學者參考生態學關係進行劃分，也有學者通過研究各國實踐經驗進行梳理。鮑麗潔（2011）[233]認為，產業共生關係有四種作用方式，包括互利型產業共生、寄生型產業共生、偏利型產業共生和附生型產業共生。石磊（2012）[234]將國際範圍內的產業共生實踐劃分為五種模式，即丹麥卡倫堡模式、美國模式、英國模式、日本模式和韓國模式，並通過比較指出中國模式的缺陷，提出構造整體產業共生制度框架，發揮產業共生系統參與主體的作用，促進資金可持續循環等建議。

6.1.2.3　產業共生的運用及供應鏈

　　國內外大量產業生態實踐給予產業共生理論以思考，在推動產業經濟的道路上使其發展形式和程度也日趨多樣化和深層次。Chertow（2007）[235]提出，相比建設僅僅發生要素和能量交換的生態工業園區，產業共生能帶來持續性更強的產業發展，並對政府機構、非政府組織和商業領域運用共生提供政策建議。生態工業示範園區、循環經濟試點園區、「兩型」生態工業園區建設等是中國比較成功的產業共生實踐形式。吳勇民（2014）[236]將金融和高新技術視為共生演化的產業進行研究，探討了共生演化機制，通過構建共生演化模型得出非對稱互利共生關係的結論，並給出政策建議。秦濤等（2011）[237]從產業共生發展角度對林業和金融兩大產業及其相關要素間的作用機理進行系統性研究，找出兩者之間存在的相互影響、相互聯繫的動態關係。李軍（2013）[238]認為金融在加快產業轉型升級，增強企業發展活力中發揮著作用，應實現金融

與產業的共生共榮。

從全球視角看，當前競爭已經不再僅僅是企業與企業之間的水平競爭，轉變為戰略性的垂直競爭，即產業價值鏈的競爭。苗麗（2015）[239]將金融服務帶入電子商務的產業鏈，形成「互聯網+供應鏈+金融」的模式，指出該模式具有市場潛力巨大、承擔風險下降、貸款成本低、效率高等優勢，並認為可以將該模式應用到單個企業、單個產業及綜合產業中。產業共生注重資源的有效運用，實現產業發展的可持續，而將產業共生放在供應鏈中，其運作機制將會因經濟的複雜化而面臨更多的機遇和發展空間。

6.1.3 供應鏈金融生態

6.1.3.1 供應鏈金融生態的概念

供應鏈金融生態是指由供應鏈金融主體、客體與供應鏈金融生態環境構成的，以供應鏈為中心向外擴散，相互依存、相互影響、共同發展的動態平衡系統[240]。供應鏈金融主體包括供應鏈中為中小企業提供增信業務的核心集團、供應鏈中的上下游企業、為供應鏈提供金融服務的金融機構、為供應鏈中的產品提供物流服務的仲介機構以及對供應鏈實施監督的金融監管機構等。供應鏈金融客體包括供應鏈金融產品、供應鏈金融技術平臺、現金管理及結算服務等中間業務。供應鏈金融生態環境包括法律環境、政策環境、經濟環境、技術環境等。作為供應鏈金融生態的中樞，核心企業必須為系統提供共享的資源，找到行之有效的價值創造方法，以穩定已經處於供應鏈中具有戰略合作夥伴關係的成員企業，通過能量擴散，促進供應鏈金融生態系統改進生產率、激發創造力、增強競爭力（李占雷等，2012）[241]。同時，作為供應鏈金融客體主要提供者的商業銀行，密切與核心企業合作，不斷創新供應鏈金融產品和服務，對供應鏈金融生態系統的構建和完善也至關重要。根據此定義，我們將供應鏈金融生態系統描繪如圖6-1所示。在圖6-1中，一個大橢圓代表一個相對獨立而又對外開放的供應鏈金融生態系統。正如同一個星體一樣，其本身是一個系統，但並非絕對封閉於宇宙中的其他星體。這就是為什麼在外圍用虛線而內部用實線的原因。這一圖形可以比較完整且直觀地展現出供應鏈金融生態系統的三大部分：供應鏈金融生態環境；陰影部分中作為供應鏈金融需求方的供應鏈企業及政府、銀行、物流公司等供應鏈金融供給方兩類供應鏈金融主體；基於供應鏈物流、資金流和信息流整合控製而開發的供應鏈金融產品及配套服務為供應鏈金融客體，由供給方提供給需求方，在不斷追求供需關係均衡的過程中，不斷完善供應鏈金融生態系統。

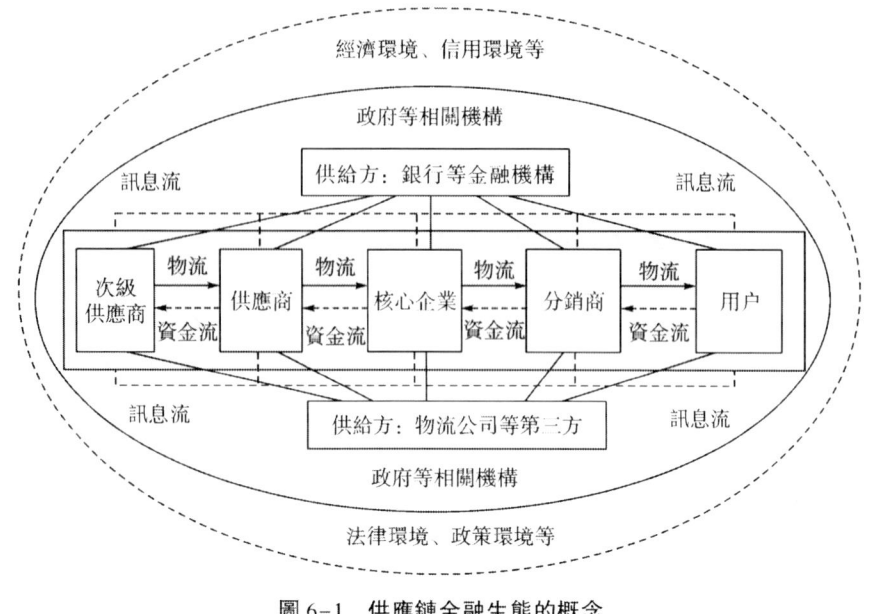

图6-1 供應鏈金融生態的概念

6.1.3.2 供應鏈金融生態的範圍

供應鏈金融生態環境主要包括經濟環境、信用環境、法律環境、政策環境等部分。

經濟環境指的是構成企業生存和發展的社會經濟狀況和國家經濟政策。經濟環境的好壞能夠影響消費者的購買能力和支出方式。對於構建供應鏈金融生態而言，良好的經濟環境能夠促進供應鏈中企業良性發展。

信用環境對於中小企業融資、供應鏈金融服務的順利開展意義重大。傳統的中小企業之所以面臨融資難現象，最重要的原因之一就是信貸市場的不完善，信用環境對中小企業不利。在供應鏈金融生態體系中，信用環境的良性發展對供應鏈中上下游企業抵質押物價值的評估與檢測、融資成本的降低以及融資的便捷性都具有顯著作用。

法律環境能夠保護供應鏈金融生態體系中各參與主體的權益。法律體系作為社會權利保障的重要手段，其在信貸人權利的保護中同樣能夠發揮重要作用。

政策環境是指國家宏觀層面上的政策指導能夠對供應鏈金融整體的發展帶來顯著的影響。對於國家扶持的行業，其發展得到國家層面的扶持，在供應鏈中會帶動其他相關產業的迅速發展，對於提升整條供應鏈的核心競爭力具有重要作用。

6.1.3.3 供應鏈金融生態環境中存在的問題

現有階段，由於供應鏈金融生態體系中相關環境因素的不完善，供應鏈金融生態體系的建立仍然存在大量的問題。在相關法律的制定、抵質押品的擔保、清償制度確立等方面仍有不足之處。

在相關法律的制定上，沒有考慮到在實際操作中可能存在的不足。例如法律規定可以作為抵押物的動產為「抵押人所有的機器、交通運輸工具和其他財產」，而許多有形動產如生產原材料、半成品和產品，無形權益如作為債券的應收帳款，沒有明確的法律規定可以用於貸款抵押或質押。另外，國內有關的法律和規章所形成的動產擔保物權實現體制，很少給予當事人在違約之前約定實現權利和救濟措施的自由，也不允許擔保物權人自立實現動產擔保物權。司法程序的複雜與費時使動產擔保物權的實現緩慢而昂貴，這對於供應鏈融資而言是一個很高的成本。

擔保登記公示制度混亂以及清償制度的不完善也會對供應鏈金融生態的建立產生阻礙。例如相關制度規定，不同擔保物需要到不同的政府部門進行登記，而且不同登記部門以及同一登記部門不同地區機構之間缺乏統一的信息網路。這會造成擔保成本的上升，給中小企業融資帶來不利。此外，長期缺乏一套完整、合理的優先權規則，難以保證擔保債權人在清償過程中處於優先地位。與此同時，國內企業、物流、銀行技術應用水平的不一致，造成目前並沒有實現供應鏈金融所要求的信息流共享，物流、資金流與商流的對接，呈現為不同性質企業各自獨立發展的技術孤島現象。

在監管層面上，監管當局把監管重點放在法規監管上，習慣於借助檢查、處罰等行政手段對銀行金融機構進行運動整頓式監管，對問題偏重定性界定而往往缺少定量分析。目前各國金融技術的發展狀況並不平衡，和發達市場經濟國家相比，發展中國家尤其是經濟轉型國家的金融技術相對落後。不同金融技術環境顯然會影響到各國供應鏈金融產品的開發與業務的推廣。

6.1.4 供應鏈金融與產業共生

6.1.4.1 供應鏈金融與產業共生的互動

從上面的論述可以得到一個比較清晰的結論：供應鏈上各企業之間本身就是一種產業共生關係，以供應鏈為基礎而聯結起來的產業集群以及產業集群之間也存在互利共生的關係。依此類推，一國經濟乃至全球經濟，隨著經濟全球化的發展，都存在合作與競爭並存的產業共生關係。2007年美國發生次貸危機後引發的連鎖反應，從虛擬經濟延伸至實體經濟，由一國經濟波及世界經

濟，就是產業共生關係的反面證明。借助供應鏈上節點企業以及供應鏈外金融機構等組織的合作，優化供應鏈資金流管理的供應鏈金融，在提高供應鏈資金使用效率和效益的同時，促進了核心企業供應鏈管理能力的提升和供應鏈上節點企業產業共生關係的深化。反過來，產業共生關係，在對供應鏈金融提出需求的同時，也為其運作和發展提供了內在機制基礎。當前，中國政府正大力營造「大眾創業，萬眾創新」的新局面，「雙創」帶動下的經濟方式轉變，能夠提高經濟運行質量和效益。經濟的戰略轉型，需要通過產業和企業這樣的載體來實現。從這個角度來看，發展供應鏈金融就不僅是企業微觀層面融資模式的創新問題，更是關係到中國產業經濟發展乃至通過建設一批具有國際競爭力的跨國公司繼而提升中國在世界經濟中競爭力的宏觀戰略問題。

6.1.4.2 供應鏈金融共生系統

供應鏈金融共生系統由共生單元、共生模式和共生介質三個部分組成，其中共生單元包括供應鏈上核心企業、中小企業（包括上游供應商和下游經銷商）、金融機構和物流公司，共生介質包括基於預付貨款、應收帳款和存貨的多種供應鏈金融運作模式，共生單元間通過共生介質協同發展形成了共生模式。下面我們從供應鏈金融業務發展的視角進行研究。

（1）從供應鏈金融生態體系的共生單元分析供應鏈金融生態體系，其共生單元主要包括供應鏈上的核心企業、上游供應商、下游分銷商、物流公司、商業銀行、擔保公司以及金融監管機構等。其中，物流企業是重要的第三方參與者，全程的物流服務與質押物信息均由其提供，是供應鏈上借款企業與銀行合作的橋樑。供應鏈上核心企業根據所處行業不同身分各異。核心企業是供應鏈金融業務運轉的樞紐，銀行對供應鏈上下游企業的放貸絕大部分根據核心企業與上下游企業合作程度來決策。核心企業參與供應鏈金融業務可以充分利用銀行資源為其上下游企業獲取融資，幫助上下游企業取得更寬鬆的金融環境，有助於提高核心企業所在供應鏈的核心競爭能力，從而獲取更大的市場份額。供應鏈上下游企業多為小微型企業，小微型企業是供應鏈金融業務產生的源頭，正因為小微型企業具有強烈的融資需求才促生了供應鏈金融業務的出現。供應鏈上下游企業通過供應鏈金融業務可以快速、便捷、低成本地獲取資金，提高資金週轉率，進而提高公司盈利能力。金融機構通過與供應鏈上核心企業戰略合作，根據核心企業所在供應鏈上下游企業的業務經營狀況和資金流動規律，針對性地提供風險可控的金融服務，既能促進中小企業進一步發展壯大，又能推動企業的發展。金融機構和不同行業供應鏈上的核心企業合作，並以中心向上下游企業延伸，為供應鏈上下游企業提供金融服務，使供應鏈上物流、

資金流、信息流得到有效的協同統一，使得供應鏈上企業與金融機構、物流公司達到多方共贏的效果，最終各參與方形成一個生態系統，每一個共生單元之間處於相互促進、相互平衡的共生關係中，由此，供應鏈金融生態體系中各個共生單元之間是否協同發展，將直接影響整條供應鏈上企業的良好發展。

（2）供應鏈金融體系共生模式研究。供應鏈金融共生模式是供應鏈金融業務各參與方類似於生態系統中各方相互合作、相互幫助的一種生態關係。供應鏈金融作為一種嶄新的共生模式，在中國中小企業生態圈中發揮著重要的作用，不僅大大地降低了中小企業的融資和交易成本，還為金融機構提供了充分的貨物信息作為決策依據。隨著全球供應鏈金融業務的飛速發展，各類金融機構紛紛將供應鏈金融業務列入公司的戰略性競爭系統中，各類供應鏈金融產品的風險防控和行銷模式也逐漸形成了。其中，墨西哥國家金融開發銀行提供「生產力鏈條」的保理服務。廣發銀行開發了「物流銀行」為中小企業提供金融服務；摩根大通為實現供應鏈金融業務成立了全新的物流團隊；浦發銀行開發了「供應鏈融資方案」；光大銀行針對供應鏈上不同環節企業的金融需求，提出了「陽光供應鏈」系列金融產品；深圳發展銀行聯合行業專家系統研究了供應鏈金融業務的起源、業務流程及作用。

（3）供應鏈金融系統共生介質分析。共生介質是指供應鏈金融生態系統中共生單元之間的接觸方式和機制，也被稱為共生界面，是供應鏈金融系統中各單元之間共生關係發展和加強的基礎。共生介質可以對供應鏈上的物流、信息流和資金流發揮強大的整合作用，進一步拓寬三流之間的交流通道。供應鏈上的製造型企業依靠共生介質可以進一步提高資金週轉率，提高資金利用率，強化企業價值鏈。對供應鏈上的物流企業而言，物流與金融的深度融合使得物流與資金流合二為一，更好地為供應鏈服務。

6.2　供應鏈金融生態圈的建設

6.2.1　供應鏈金融生態體系構建的設想

梳理上文思路，本書在第四章提出的供應鏈金融創新模式基礎上，結合供應鏈金融風險環境，提出供應鏈金融生態圈的構想。

我們首先對供應鏈金融的新模式進一步分析，如圖6-2所示。

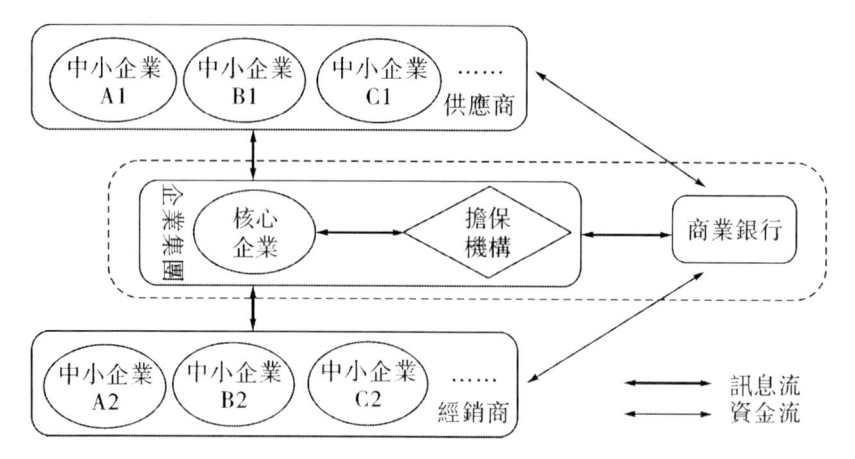

图 6-2 供應鏈金融新模式下資金流與現金流

在該模式下，擔保公司內化為核心企業的控股子公司。隸屬於核心企業的擔保機構通過核心企業的橋樑作用實現了與上下游中小企業間的信息雙向流動，較好地解決了信息不對稱問題。在供應鏈系統中，各企業間的關係更加接近，信用成本和信用風險進一步降低，上下游中小企業通過內部擔保公司從商業銀行得到的融資將更加便捷，融資成本更低，對抵押物的範圍進一步擴大，從而能夠進一步解決中小企業融資難、融資貴等問題。

在供應鏈金融生態圈的設計中，核心企業可以是一家，也可以是幾家。本書以一家為例，基於上述模式，設計出供應鏈金融生態圈圖（見圖 6-3），並分析了供應鏈金融信用環境，如圖 6-4 所示。

在供應鏈金融生態圈內，整個供應鏈依託核心企業所在的企業集團發展。換言之，核心企業所在的企業集團為整條供應鏈開展各項金融服務。在供應鏈金融生態圈內核心企業、擔保公司、商業銀行、保險公司和交易中心都隸屬於某企業集團 A。當鏈上中小企業需要融資時，資金從商業銀行流向中小企業；若中小企業流動資金富裕時資金從供應鏈上中小企業流向商業銀行。擔保公司在銀行對中小企業貸款時起到信息傳遞的作用。若生態圈中的銀行不是企業集團子公司，擔保公司的作用非常明顯；若銀行是企業集團子公司，擔保公司的角色不那麼重要，可有可無。在供應鏈金融生態圈中，中小企業與核心企業、擔保公司等金融機構間的信息交流更為頻繁，同時交易數據流將會上傳至交易中心雲數據庫。商業銀行以及擔保公司在對中小企業進行貸款時，會通過交易中心雲數據庫進行相關數據提取與驗證，對中小企業資信狀況以及抵押物進行

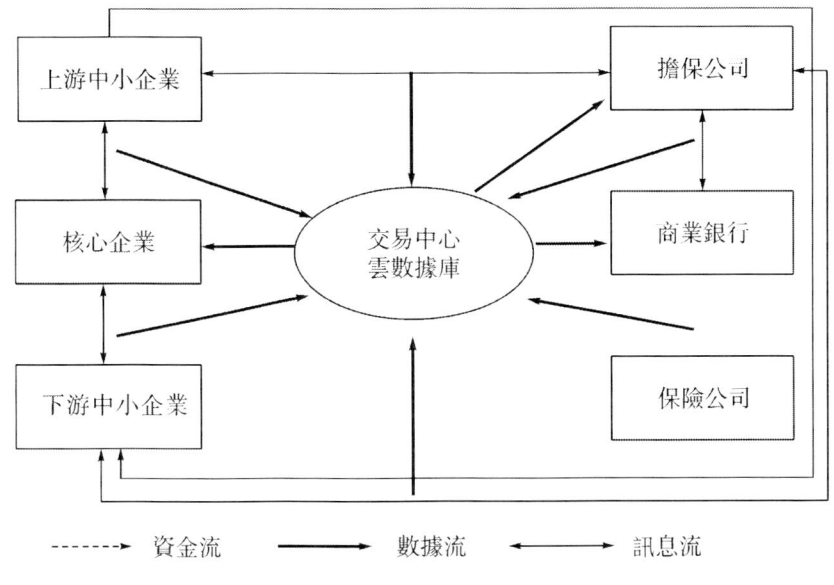

図 6-3　供應鏈金融生態圈

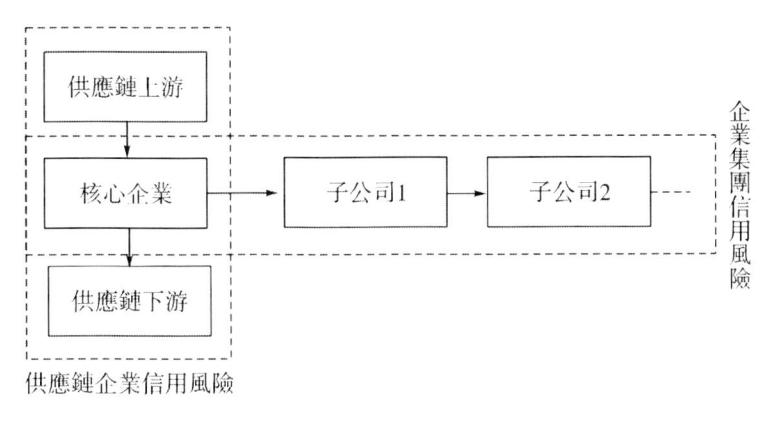

圖 6-4　供應鏈金融信用環境

合理評估，並給出授信額度。與此同時，銀行也可以通過與保險公司合作，購買貸款保險，從而進一步降低貸款風險。而保險公司貸款保費的計算很大程度上依靠交易中心的雲數據庫。在供應鏈金融生態圈內，交易產生的數據會通過交易中心進行數據共享，因而會在一定程度上降低信息不對稱以及由此產生的道德風險、逆向選擇等問題。

企業集團下包含擔保公司、商業銀行以及保險公司等金融機構，實際上形

6　供應鏈金融生態理論　121

成了金融控股公司。對於中小企業而言，對他進行金融服務的金融機構屬於一個金融控股公司，信息的透明化節約了交易成本，提升了融資額度。低成本的融資成本給中小企業帶來了實惠，這種實惠最終會反哺給供應鏈。對於核心企業而言，中小企業一定會降低核心企業的供貨成本等，最終實現整條供應鏈的繁榮，提升了供應鏈競爭力。供應鏈金融生態圈實現了資金的封閉回流，處於供應鏈核心位置的交易中心能夠全面且有效地把握信息流、資金流以及數據流的走向，可以將企業間的信息不對稱程度降低，以此降低供應鏈整體的各項成本，提升供應鏈競爭力。

而在供應鏈生態環境研究中，不容忽視的是供應鏈系統裡信用風險的度量。

我們將複雜的供應鏈信用風險分為兩條主線來看：一條是縱向，另一條是橫向，具體見圖6-4。在橫向中，我們研究核心企業所在企業集團的信用風險；在縱向中，我們將核心企業放在整條供應鏈中。對這些風險的釐清和度量有助於供應鏈金融生態環境的建設。而關於信用風險或違約風險度量的數據基礎在於雲數據庫的支持。

6.2.2　白酒供應鏈金融生態圈構建——以瀘州老窖為例

2006年，在中國白酒金三角「酒業集中發展區」的概念成型以後，瀘州老窖首先選擇了瀘州市黃艤鎮作為集中發展區，經過6年的飛速發展，形成了全國第一個以白酒生產加工為樞紐、連接上下游產業的白酒加工配套產業集群（成品基地），建成面積達500公頃，累計完成銷售收入超過500億元。集中發展區在不斷地發展壯大過程中，也從當初一些單純的貼牌生產（Original Equipment Manufacturer）思路逐步拓寬為今天的「一園三基地」的概念。基於此，我們以瀘州老窖集團為例，設計一個由成品基地、釀酒基地、總部基地三大基地構成的供應鏈金融生態系統的構想（如圖6-5所示）。

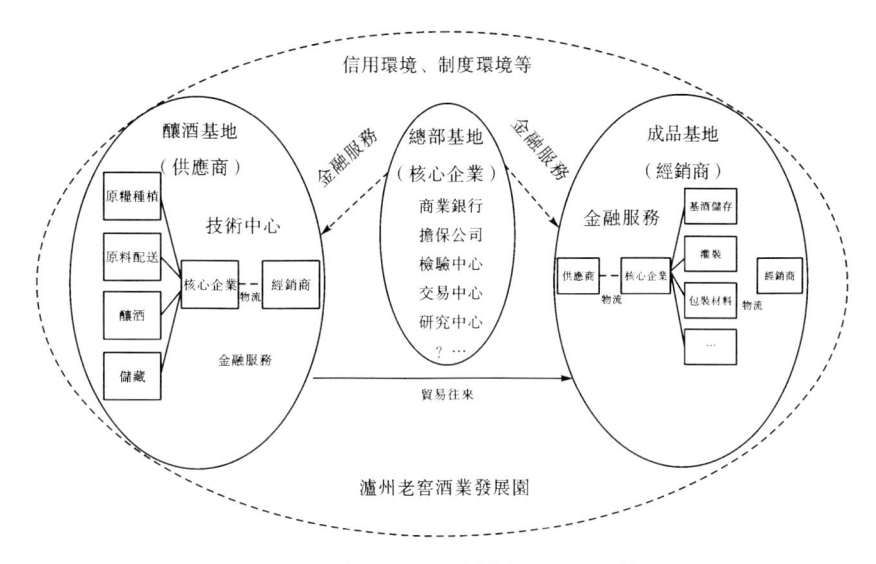

圖 6-5 瀘州老窖供應鏈金融生態系統

其中，總部基地作為整個供應鏈的核心（核心集團），集增信、服務、抵押、擔保、監管、貸款等功能於一身，主要包括創意研發、結算、金融體系支撐、市場資源調度、中國白酒學院等主要功能。此外，為了更好地為上下游企業提供金融服務，增強供應鏈上企業間的凝聚力，提升整個供應鏈的競爭力，核心集團可以下設交易中心、研究中心、檢驗中心三大科研與貿易中心，實現產學研的結合。其中交易中心針對生產流通的現實需求，融合社會資源，環繞著酒類產品的產業鏈和供應鏈各個環節，將商流、物流、資金流、信息流有機整合併統一配置，全方位提供第三方或者第四方服務，集倉儲、運輸、交易、結算、管理、信息、服務於一體的酒類產業現貨電子交易市場，成為中國白酒產品定價權和價格指數發布的最重要平臺。檢驗中心主要為酒類生產企業提供釀酒原材料、包裝材料、半成品和成品服務檢驗，為白酒科研和技術創新提供技術支持，依託人才和技術優勢，參與酒類產品標準研發。研究中心為白酒行業工程技術研發、技術交流、人才培養、成果轉化與推廣搭建平臺。

釀酒基地主要負責產業鏈上游的基酒釀造，是整個生態系統中的供應商。但是在釀酒基地內部，也存在獨立的供應鏈系統。其中，核心企業可以是釀酒基地組建的基酒收儲公司，以基酒收儲交易為主營業務，整合產業鏈的物流、信息流和資金流，帶動整個釀酒產業鏈的不斷增值。釀酒基地供應鏈上游供應商則是適應不同類型酒釀的生態群落，主要為基酒公司提供糧食種植、原料配

送、釀酒以及儲藏等服務。下游的經銷商則是通過總部基地將產成品輸送到成品基地，完成成品酒的輸送和釀製。其中核心企業，即基酒公司不僅為上游供應商提供資金借貸、抵押擔保等金融服務，還根據固態釀造技術的需要，整合科研力量，為企業發展建立公共科技服務平臺，針對固態釀造食品行業存在的技術共性問題、關鍵技術問題和技術難點開展研究，為整個行業提供固態釀造原糧、固態釀造工藝、廢棄物綜合利用、生產過程機械化、自動化控製等方面的研發和生產工藝技術服務，提供設備儀器共享服務，針對釀酒基地的釀造產業和循環經濟發展不斷地進行技術輸出，助推企業科技建設，加速區域產業能力升級，促進區域經濟增長。釀酒基地同時依託技術中心建立產學研結合的技術創新體系，培養大批白酒釀造產業高級研究人才，為白酒釀造行業培養人才梯隊。

　　成品基地是整個供應鏈金融生態系統的經銷商，主要負責成品酒灌裝、包材供應、倉儲物流等。在成品基地中，以核心企業為主軸，通過訂單分配、知識產權集中管理、統一質量管理等方式，將成品基地生產企業緊密聯繫起來，形成一個有機的整體。除此之外，成品基地還應有完善的金融服務體系，包括小額貸款公司、擔保公司、銀行體系、投資公司等，為基地的資本運作提供服務。成品基地的經銷商包括基酒儲存公司、灌裝公司、材料包裝公司等，通過一系列的「生產線」，最終將成品酒通過完備的物流網輸送到全國各地。

　　瀘州老窖供應鏈金融生態系統將通過總部基地的金融、結算、研發等核心功能把三大基地緊密聯繫在一起，最終通過對白酒產業鏈的完整整合，形成配套服務體系完備的白酒產業集群，並努力成為中國乃至世界酒類產業園區中的一個典範。

　　隨著人口增長、經濟快速發展以及能源消耗量的大幅增加，全球生態環境受到了嚴重挑戰，實現綠色增長已成為當前世界經濟的發展趨勢。四川作為天府之國，其環境污染問題也成為亟需解決的重要問題。綠色金融是尋求環境保護路徑的金融創新，是金融業和環境產業的橋樑（Salazar, 1998）[242]，企業推行綠色金融項目不僅能提高其聲望，滿足利益相關者的要求，而且還能更好地實現企業風險管理，做出有利於其發展的戰略決策（Chami, 2002）[243]。為此，瀘州老窖在構建供應鏈金融生態體系的同時，還應充分考慮到環境的可持續性，建立循環經濟圈，如圖6-6所示。

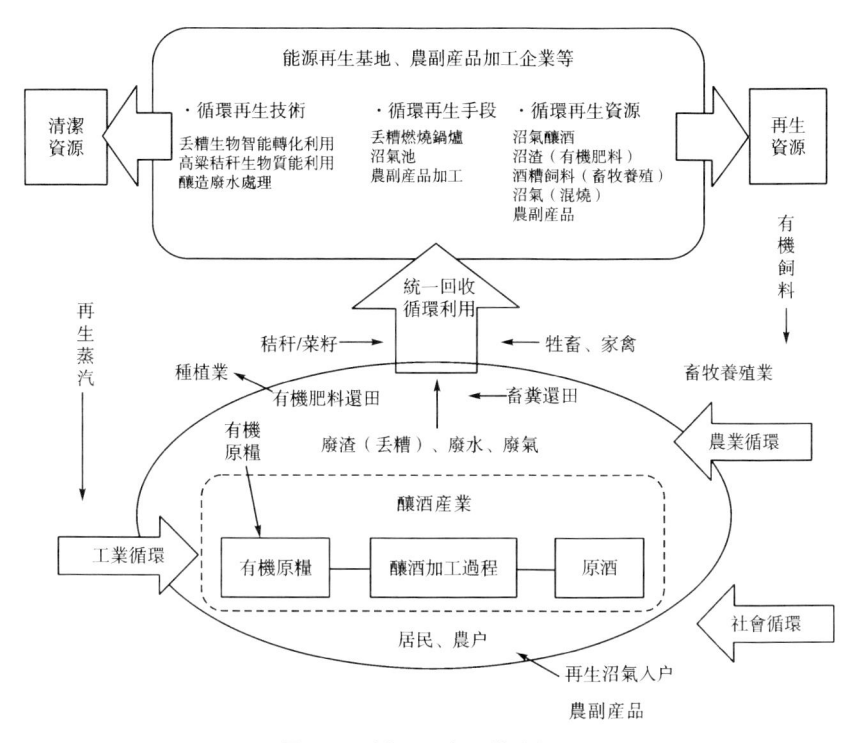

圖 6-6　循環經濟圈構建設想

瀘州老窖構建的供應鏈金融生態系統中，充分考慮到綠色金融概念，在能源再生基地中，實現綠色生產。能源再生基地是銜接「種植業態、養殖業態、釀造加工業態」形成循環經濟閉環式發展的關鍵接口，擬通過引入第三方能源公司進行投資，採用市場化運作。能源再生基地在保障燃氣供應的同時，通過對釀造加工業態、種植業態、養殖業態固廢的統一收處，利用循環再生技術進行生成物能轉化，形成再生沼氣、蒸汽、有機飼料等再生資源，實現綠色生產。

6.3　供應鏈金融生態圈建設的機制設計建議

6.3.1　供應鏈金融生態主體治理和協調機制

6.3.1.1　供應鏈金融主體內部治理機制設計

對於核心企業而言，其在對外界資源優化和協調資源在整鏈中的分配中佔

主導地位，因而具有提高整條供應鏈競爭力的責任感。通過前文提出的供應鏈金融的創新模式可以看出，核心企業在連通銀行與中小企業的信息渠道，降低信息不對稱程度上發揮明顯作用。在未來，核心企業應繼續推動資源共享，引領供應鏈的技術進步，尋找要素互補度高、資源整合空間大的關聯企業，建立穩定發展的合作關係。

對於上下游中小企業而言，公司內部結構的改善和制度的完善是提升企業實力的根本途徑。前文分析發現，中小企業在披露信息上的不嚴謹使銀行很難掌握企業真實的生產經營和資金運行情況，從而增加銀行授信的疑慮。因此，規範的現代企業制度，包括法人治理結構、約束與激勵機制、風險管理體制亟待建立。除此之外，對科技型中小企業融資困境的實證研究證實，企業研發部門體現的科技創新能力對企業的融資決策有重要影響，因此中小企業需要及時根據市場需求做出戰略調整，提高產品研發能力，壯大企業規模和實力，盡可能發揮「新木桶效應」產生的模塊化經濟[244]。

就供應鏈系統中的金融機構來說，通過對供應鏈金融授信額度理論模型的構建，發現處於產業鏈資金流核心地位的銀行現有的授信額度計算方式過於保守，存在授信不足的問題，因此，銀行等金融機構應考慮產業鏈特點和發展階段，有針對性地建立科學授信體系並付諸實施，以確保供應鏈金融的營運效率。作為眾多中小企業外源融資主要來源的農村信用社和小貸公司常因其資金實力不強、服務範圍狹窄、人才缺乏等，難以滿足市場的融資需求。為能在金融市場形成自身競爭優勢、為供應鏈金融系統中資金流注入新的動力，健全組織架構、提高專業化服務水平、創新金融產品、發展銀企合作關係等仍是這些金融機構努力的方向。

6.3.1.2 供應鏈金融主體間合作共贏機制設計

從價值鏈理論的角度看，價值的創造來源於一系列生產經營活動。產品或服務的複雜化使價值增值環節形式各樣又相互滲透，從而引起價值鏈的解構重組，繼而形成價值網（餘東華等，2007）[244]，未來供應鏈金融實現向供應網金融模式的升級不僅更利於資源的整合，還將克服以往單條產業鏈上利用核心企業增信的中小企業類型的限制，使供應鏈金融系統價值增值的目標更易實現。

目前，產業間和企業間實現供應鏈金融系統協同運作的模式在業界已有大量運用，這些有益的實踐可為金融資源如何在供應鏈中有效配置與可持續性使用提供寶貴的經驗。金融產業生態圈概念的興起，使金融在產業鏈中扮演的角色日益突出。作為金融創新和改革的實體，上海金融谷將實現以金融服務外包

為基礎的金融服務集群化發展,搭建金融交易中心和產業交易平臺實現產業資本、金融資本和科技資本的對接,並圍繞金融服務及相關高科技產業搭建服務平臺。當互聯網不斷滲透到傳統金融價值鏈時,供應鏈金融系統中的融資渠道將面臨深刻的變化,產業轉型隨市場需求變化不斷加速。伴隨著市場化程度的加深,不僅傳統銀行與非銀行金融仲介機構的合作關係進一步加強,甚至引入民間資本參與供應鏈金融也將可能成為趨勢。不難推測,供應鏈金融將在投資主體多元化的道路上越走越遠。近年來,信息技術和移動互聯網成為引領供應鏈金融向更多產業領域擴張的有力推力。「以互聯網思維對傳統農牧產業進行升級改造」等①,借由互補優勢打破信息流與物流的瓶頸,在供應鏈金融生態圈中形成結算、交易、產業服務等綜合服務平臺的概念及實踐值得推廣和發展。

6.3.2 供應鏈生態環境改善和發展機制

6.3.2.1 風險管控的完善和發展

傳統供應鏈金融系統中的信用風險、系統性風險、操作風險、流動性風險等是企業特別關注的對象。根據企業集團風險度量的研究,因為企業集團信用風險對子公司情況變動及初始條件十分敏感,所以有理由推測出改善子公司管理、提高其營運效率會對整個企業集團信用風險的規避有益。對供應鏈企業違約風險度量的研究證實了傳染機制的存在,未來供應鏈系統可以設立由核心企業牽頭、受國家相關部門第三方監管的供應鏈金融綜合服務平臺,共同組織人員對供應鏈中具體指標傳染效應進行分析,對供應鏈金融生態系統中潛在風險因素各個擊破,避免惡性循環的發生。在操作風險方面,金融監管部門、產業監管部門等應加強合作,動態監管市場主體行為,確保供應鏈金融生態的穩定協調。互聯網的發展和大數據的應用不僅能降低市場主體之間交易成本,更能在相當程度上有效解決信息不對稱帶來的流動性風險損失問題,從而使供應鏈產業能夠及時適應市場供需變化,使整個供應鏈金融系統維持健康運作。與此同時,互聯網時代的到來,將給予風險形式更複雜的變化及對應風險的管控更大的難度。互聯網微信體系不健全將帶來互聯網微信風險和信用業務風險,技術風險引發的信息洩露、資金安全等問題,監管規範滯後帶來的政策法律風險值得參與供應鏈金融系統的互聯網金融企業關注和規避,如何對這些新興風險進行準確識別和有效管理是供應鏈金融生態圈進化發展道路上新的挑戰。

---

① 資料來源:《每日經濟新聞》,2014 年 05 月 05 日。

6.3.2.2 政府扶持及配套措施的建議

前文指出，政府對企業的支持會增強企業的競爭力，從而使其更易獲得金融機構貸款，實證研究也證實農業、軍工等國家重點發展的行業更易獲得國家政策性貸款融資。對於供應鏈金融系統中小企業在完善內部建設、適應市場化步伐、籌融資渠道上與生俱來的劣勢，政府有關部門除了應結合經濟效益、區域特色、區位優勢等對鏈上業務提供必要的財稅優惠和政府補貼外，還應幫助企業完善財務制度和信息披露體制。尤其考慮到中國的供應鏈金融系統中的產業大量涉及農業，相比較發達的金融仲介服務機構體系，農村金融機構因所在環境經濟基礎薄弱、法制建設不完善等問題面臨更嚴峻的生存與發展障礙。因此，政府扮演的角色在推動農村金融創新與改革、優化農村社會仲介服務體系、提高農村金融服務實體經濟的效率和改善農村金融生態環境等方面不可或缺。隨著農業產業化和現代化程度加深，農村信用體系建設、農民的法制教育與金融知識教育等推動農村供應鏈金融生態圈可持續發展的外圍條件也應採取措施逐步改善。

6.3.2.3 多層次資本市場體系的構建

通過對白酒供應鏈的研究發現，中小企業要得自身發展所急需的資金來源有民間融資、銀行貸款、自身累積等。其中銀行貸款是外源融資的最主要途徑，企業因此過分依賴銀行，融資渠道狹窄。本書認為，構建多層次資本市場體系不僅能激發各類投資主體的積極性、拓展融資渠道，從而在一定程度上解決中小企業融資難題，還有利於優化融資結構，防範金融風險。在多層次資本市場體系的構建中，處於傳統供應鏈系統中投融資環節核心地位的商業銀行不僅應加強與同第三方風險資本、私募基金等金融機構的合作，發揮各自相互優勢，還應設立完善的退出機制，通過對科技型中小企業融資渠道的選擇分析發現，針對企業自身狀況和性質的差異和所處發展階段的不同，政府應發展多級金融市場，金融機構應設計多種金融產品供其融資選擇，以適應不同的融資需要。

6.3.3 維持供應鏈動態平衡輔助機制

6.3.3.1 數據庫的運用和管理機制設計

供應鏈金融主體間信息不對稱是導致中小企業融資難、削弱供應鏈整體競爭力、破壞供應鏈金融動態平衡的一大障礙。本書提出的內部擔保公司與核心企業同屬於企業集團的創新模式就是著力於對信息不對稱進行進一步改進。對於中小企業而言，由於自身經營狀況以及盈利能力的限制，企業在尋求融資時

往往會對財務數據進行「窗飾」，以降低融資難度和融資成本，但這無法解決中小企業融資的根本障礙。當信息不對稱因為大數據逐步得到改善，可持續的、完整的供應鏈企業的財務數據和企業間的交易數據被用於評級和授信成為可能，「數據質押」這種新型質押模式便誕生了。其不僅能夠解綁供應鏈金融系統中企業信用勾連，降低系統性風險，還能為服務對象提供針對性金融服務，減少金融機構對授信企業的規模偏見，真正實現普惠金融。除了大數據可能給中小企業融資渠道和模式帶來福音外，大數據的形成和分析對瞭解整體營運狀況、把握市場動向、供應鏈金融的改造升級有重要價值。在我們構建的供應鏈金融生態圈中，供應大數據庫可以放在交易中心，由核心企業牽頭，最終受國家有關部分部門或第三方監管。只有數據庫的監管是非供應鏈利益主體，才能保證數據庫的真實性和完整性。因此，國家相關部門應盡快建立以供應鏈為單位的數據收集中心，真正為供應鏈金融生態圈的建立提供基礎，在大數據保證的基礎上，供應鏈金融生態圈設想才得以實現。

6.3.3.2　供應鏈金融系統激勵和懲罰機制設計

供應鏈金融生態圈得以實現的重要前提是核心企業具有一定社會責任感，即身處某條供應鏈的重要位置，有責任帶領眾多鏈上中小企業贏得供應鏈繁榮的局面。當然，這種前提是不容置信的。即使核心企業有至高無上的「家長式」責任感，但它終究是以利益最大化為目標的「理性人」。因此，這一假設前提需要行之有效的激勵機制對核心企業進行激勵，約束其在供應鏈金融生態圈過於強勢，對鏈上中小企業欺壓，在金融服務時採取霸王條款。因此，設計激勵機制是後續的工作。同時，為了避免供應鏈金融生態圈中的企業存在惡性競爭、提供虛假信息等行為，應當引入懲罰機制。通過對惡性競爭、提供虛假信息等行為的企業和金融服務機構給予嚴厲懲罰，在數據庫中對該企業或機構進行備註，更甚者將其剔除生態圈等方式，維護供應鏈金融系統的共生利益。企業一旦被警告或者被剔出某一供應鏈，則會引起其他供應鏈的關注，該企業在此融資時，成本將大幅提升，最終可能導致其破產。通過嚴厲的懲罰機制提高企業違約成本，進一步約束企業的行為，從而使供應鏈金融生態圈內企業有良好的競爭環境。

7　結束語

7.1　全書總結

　　本書從中小企業融資現狀出發，通過對成都市科技型中小企業的調研分析，得出中小企業融資障礙的影響因素，進而描述了白酒製造企業的現階段生存和融資現狀，發現白酒企業特別是白酒中小企業在八項規定後的生存和融資狀況不容樂觀，眾多白酒中小企業因資金流斷裂被併購或倒閉。供應鏈金融在其他行業中發揮出的巨大作用以及取得的豐碩成果，如汽車行業、蔗糖行業等，啟發著我們是否可以將白酒中小企業的融資問題納入至白酒供應鏈中考慮，即在白酒供應鏈中應用供應鏈金融模式。

　　接下來，我們從理論上探討了供應鏈金融背景下的銀行信貸機制問題，分別就完全信息和不完全信息的情形構建了三方博弈模型，發現供應鏈金融的機制有助於消除中小企業融資約束，同時發現商業銀行可以通過利率手段識別和區分中小企業類型，並進一步證實了所有供應鏈的參與者都會從供應鏈金融中受益。通過對供應鏈金融信貸機制的探討，為我們用供應鏈金融的視角來研究白酒中小企業融資問題提供了理論支撐。

　　考慮到目前供應鏈金融在實際運作中存在的不足，並受一些實際案例的啟發，我們提出了供應鏈金融創新模式。在創新模式下，擔保公司內化為核心企業的控股子公司。隸屬於核心企業的擔保機構通過核心企業的橋樑作用實現了與上下游中小企業間的信息雙向流動，較好地解決了信息不對稱問題。我們分別從關係的緊密性、信息的對稱性、信任的補償性及信用風險的可控性四個層面對創新模式進行理論上的論證。此外，我們通過瀘州老窖的案例分析，對供應鏈金融創新模式下中小企業抵押物範圍、融資額度以及融資成本較現有供應鏈金融模式進行對比，比較後發現，供應鏈創新模式較現有模式在中小企業抵

押物範圍、融資額度及融資成本上都有較好的表現。進一步，我們考慮在大數據背景下，如何通過數據質押來構建供應鏈企業授信額度模型。該模型認為數據質押視角下銀行給予供應鏈企業的授信額度由三部分構成：無供應鏈背景下的授信額度；有供應鏈背景下的授信額度；數據質押下的授信額度。通過瀘州老窖實際數據對授信額度模型的檢驗得出結論：根據模型計算的授信額度與銀行實際操作中給出的授信額度高度相關，但計算的授信額度比銀行實際的授信額度高出大約15%，說明銀行現有授信額度計算方式過於保守，存在授信不足的問題。

供應鏈金融的風險管理問題不容忽視。其中，對供應鏈上企業的違約風險的識別和防範更是銀行風險管理工作的關鍵。另外，對供應鏈企業違約風險的度量對於提升供應鏈核心競爭力也是至關重要的。因此，我們以供應鏈核心企業為中心。首先從橫向來看，以核心企業所在的企業集團為系統，對企業集團信用風險進行研究，得出以下結論：第一，即使子公司之間的非線性交互是極其簡單的，也會導致企業集團信用風險出現混沌；第二，子公司的靈活性、子公司決策者的個人特徵以及信息結構都會影響企業集團信用風險的納什均衡；第三，企業集團信用風險對初始條件非常敏感，因此，企業集團信用風險存在蝴蝶效應。其次從縱向來看，對核心企業所在的供應鏈基於信用風險傳染視角下的信用度量研究。一是在構建供應鏈企業違約風險指標體系的基礎上，考慮到供應鏈企業違約風險的評價指標信息特徵，結合模糊偏好關係在刻畫信息方面的優越性，提出基於模糊偏好關係的自發違約風險評估方法；二是基於供應鏈企業之間的關聯性構造了RNM，在自發違約風險度量的基礎上，結合矩陣分析的思想刻畫了違約風險在供應鏈系統中的傳染路徑，並進一步度量了違約風險的傳染效應；三是我們就提出的供應鏈企業違約風險模型進行了案例分析，展示了模型的應用過程。結果表明：該方法在評估供應鏈企業違約風險具有一定的實用性和可操作性。

最後，從供應鏈金融生態體系的共生單元分析供應鏈金融生態體系，其共生單元主要包括供應鏈上的核心企業、上游供應商、下游分銷商、物流公司、商業銀行、擔保公司以及金融監管機構等，並結合供應鏈金融風險環境，提出供應鏈金融生態圈的構想。以瀘州老窖為例，設計了供應鏈金融生態圈的構想，同時提出了供應鏈金融生態圈成功建設並運作的相應機制問題。

7.2 研究展望

供應鏈金融是運用供應鏈管理的理念和方法，為相互關聯的企業提供金融服務的活動。主要業務模式是以核心企業的上下游企業為服務對象，以真實的交易為前提，在採購、生產、銷售各環節提供金融服務。在互聯網時代，信息量爆炸式增長，在供應鏈金融領域更應利用大數據才能適應供應鏈金融發展的潮流。大數據在供應鏈金融的應用體現在以下幾點：

第一，可用於判斷需求方向和需求量。大數據可提供給我們一系列變動規律的依據。大數據的挖掘結果可以提供市場的需求方向和需求量，從而為企業決策提供可靠的決策依據。

第二，可用於目標客戶資信評估。利用大數據，可以對目標客戶財務數據、投資偏好、生產數據、研發週期、安全庫存等進行全方位分析，盡量做到信息透明化，能客觀反應企業狀況，從而提高信用資質質量和放貸速度。

第三，可用於風險分析及預警。大數據的優勢在於基於行情分析和價格波動分析，盡早提出預警。行業風險是企業面臨的最大風險，依託大數據進行風險分析和預警對於企業做出戰略性決策至關重要。

第四，可用於精準金融和物流。大數據可以幫助企業提供進行貸款、保兌、擔保等一系列金融服務所需的精準數據。在供應鏈金融中，銀行不但要求物流企業對存貨進行管理，更是想分享物流企業掌握的信息。從目前的情況來看，物流企業所掌握的信息還遠遠不能滿足實際需要，信息不對稱的現象依然非常嚴重，一個很大的原因就是物流企業所能掌握的信息始終有限。然而在「大數據」時代，信息極大豐富，物流企業通過更新設備，整合各種資源，從而更大範圍地獲取企業信息，更好地服務金融業務。

在大數據的背景下，供應鏈金融有望朝著信用擔保的方向發展。目前供應鏈金融模式基本基於實物抵押，這對於大多數供應鏈中小企業而言不太現實，而在大數據的幫助下，有可能朝著信用擔保的方向前進。在大數據的引導下，銀行可能會釋放這種靈活性。信用擔保不僅僅限於大企業，同樣可用於小企業，這樣可擴大業務範圍。供應鏈金融的核心是對數據的使用和對上下游企業信用的管理。傳統銀行為了控制風險，對中小企業的貸款實行信貸配給，由於銀企之間存在嚴重的信息不對稱，銀行為了獲得有效的信息和實施貸後的監督，需要付出較高的信息搜集成本和監督代理成本，企業經營一旦虧損，為企

業錯誤決策和經營買單的可能是銀行。根據信貸配給理論，銀行為了規避貸款的風險，實現利潤最大化，必須補足中小企業的信用，銀行進一步要求中小企業提供抵押擔保，但中小企業大部分規模小，沒有足夠的可抵押資產和擔保，而現階段銀行可接受的抵押品主要是土地和房地產，中小企業自身固定資產規模小，無形資產和動產資產比重大，難以符合商業銀行嚴格的貸款擔保抵押要求，這種抵押品型信貸配給直接與借款人的資產規模掛勾，對借款人的約束更硬，交易成本更高。因此在信貸配給的約束下，中小企業實現信用瓶頸的突破關鍵在於實現信貸雙方的信息對稱和補足信用。「大數據」的出現恰好緩解了銀行與中小企業之間的信息不對稱情況。麥肯錫在其研究報告中分析了不同行業從「大數據」浪潮中獲利的可能，金融行業拔得頭籌。作為金融行業的主要組成部分，銀行業利用數據來提升競爭能力具有得天獨厚的條件。第一，銀行業天然擁有大量的客戶數據和交易數據，這是一筆巨大的財富。第二，銀行業面臨的客戶群體足夠大，能夠得出具有指導意義的統計結論。第三，在「小數據」時代，銀行業已經在以信用評級模型和市場行銷模型為代表的數據分析上累積了大量的實戰經驗，具備向「大數據」分析跨越的基礎。隨著「大數據」時代的來臨，銀行運用科學分析手段對海量數據進行分析和挖掘，可以更好地瞭解客戶的消費習慣和行為特徵，分析優化營運流程，提高風險模型的精確度，研究和預測市場行銷和公關活動的效果，從每一個經營環節中挖掘數據的價值，從而進入全新的科學分析和決策時代。在這種情況之下，利用「大數據」的能力將成為銀行競爭力的關鍵因素。

這種對於信用的管理也會充分依賴數據，如本書在授信額度研究那章所提的思路，依託供應鏈企業與核心企業等關聯交易數據等挖掘出供應鏈企業的信用狀況，給予其授信額度。「大數據」更多地與互聯網相關，近幾年，很多互聯網企業，如阿里巴巴、京東和百度等，利用自己掌握的客戶數據積極參與到金融行業中來。雖然在理論方面的研究還非常缺乏，但是「大數據」供應鏈金融的發展方向和模式在市場上已經出現。目前基於「大數據」的供應鏈金融主要由電商主導，其中阿里巴巴模式、京東模式和蘇寧模式是其中的代表。相信不久的未來，大數據與各產業鏈之間的結合併成功運用至供應鏈金融的典範一定會呈現。

參考文獻

[1] 胡躍飛, 黃少卿. 供應鏈金融: 背景、創新與概念界定 [J]. 財經問題研究, 2009 (8): 76-82.

[2] Lamoureux M. A supply chain finance prime [J]. Supply Chain Finance, 2007, 4 (5): 34-48.

[3] Gecker R, Vigoroso M W. Revisiting reverse logistics in the customer-centric service chain: benchmark report [M]. Aberdeen Group, 2006.

[4] Hofmann E. Supply chain finance: some conceptual insights [J]. Beiträge Zu Beschaffung Und Logistik, 2005: 203-214.

[5] 深圳發展銀行. 供應鏈金融——新經濟下的新金融 [M]. 上海: 上海遠東出版社, 2009.

[6] 李建軍, 胡鳳雲. 中國中小企業融資結構, 融資成本與影子信貸市場發展 [J]. 宏觀經濟研究, 2013 (5): 7-11.

[7] Graham J R, Harvey C R. The theory and practice of corporate finance: evidence from the field [J]. Journal of Financial Economics, 2001, 60 (2): 187-243.

[8] 林毅夫, 孫希芳. 信息, 非正規金融與中小企業融資 [J]. 經濟研究, 2005 (7): 35-44.

[9] 顧婧, 李慧豐, 倪天翔. 科技型中小企業融資障礙因素研究——來自成都科技型中小企業的經驗證據 [J]. 科技管理研究, 2015, 35 (3): 97-101.

[10] Jongejans H P, Keizer J A, Mahieu R J, Rooijakkers J. Supply chain finance: Fostering financial innovation for SMEs and throughout the supply chain [D]. Master Thesis, 2014.

[11] Viktoriya Sadlovska. Supply chain finance for emerging markets [J]. Supply Chain Brain, 2012, 16 (1): 7-28.

[12] 周建, 任露璐, 趙炎. 供應鏈金融對中國中小商業銀行的影響 [J].

西南金融, 2015 (7): 38-41.

［13］More D, Basu P. Challenges of supply chain finance: A detailed study and a hierarchical model based on the experiences of an Indian firm [J]. Business Process Management Journal, 2013, 19 (4): 624-647.

［14］Su Y, Lu N. Simulation of game model for supply chain finance credit risk based on multi-agent [J]. Open Journal of Social Sciences, 2015, 3 (01): 31.

［15］林平, 袁中紅. 信用擔保機構研究 [J]. 金融研究, 2005 (2): 133-144.

［16］王倩. 信用違約風險傳染建模 [J]. 金融研究, 2008 (10): 162-173.

［17］張聖忠, 龐春媛, 李倩. 供應鏈違約風險傳染的形成機理及影響因素研究 [J]. 商業時代, 2013 (29): 51-52.

［18］Todaro M, Smith S. Human capital: Education and health in economic development [M]. Economic Development. United Kingdom, 2003.

［19］Kongolo M. Job creation versus job shedding and the role of SMEs in economic development [J]. African Journal of Business Management, 2010, 4 (11): 2288-2295.

［20］Ardic O P, Mylenko N, Saltane V. Access to Finance by Small and Medium Enterprises: a Cross-Country Analysis with A New Data Set [J]. Pacific Economic Review, 2012, 17 (4): 491-513.

［21］Cook P, Nixson F. Finance and small and medium-sized enterprise development [M]. Institute for Development Policy and Management, University of Manchester, 2000.

［22］Beck T, Demirguc-Kunt A, Levine R. SMEs, growth, and poverty: Cross-country evidence [J]. Journal of Economic Growth, 2005, 10 (3): 199-229.

［23］Fida B A. The importance of small and medium enterprises (SMEs) in economic development [J]. Banking, Finance and Accounting, 2008 (6): 375-395.

［24］Asikhia O U. SMEs and poverty alleviation in Nigeria: Marketing resources and capabilities implications [J]. New England Journal of Entrepreneurship, 2010 (13): 57-70.

［25］McPherson M A. Growth of micro and small enterprises in Southern Africa [J]. Journal of Development Economics, 1996, 48 (2): 253-277.

［26］Wonglimpiyarat J. The new challenge of financing innovative economic growth through SME development in the People's Republic of China [J]. Technology in Society, 2016, 46: 49-57.

[27] Haselip J, Desgain D, Mackenzie G. Financing energy SMEs in Ghana and Senegal: Outcomes, barriers and prospects [J]. Energy Policy, 2014, 65: 369-376.

[28] Ryan R M, O'Toole C M, McCann F. Does bank market power affect SME financing constraints? [J]. Journal of Banking & Finance, 2014, 49: 495-505.

[29] Berger A N, Udell G F. The economics of small business finance: The roles of private equity and debt markets in the financial growth cycle [J]. Journal of Banking & Finance, 1998, 22 (6): 613-673.

[30] Galindo, A., Schiantarelli, F. Credit constraints and investment in Latin America [M]. IDB, 2003.

[31] Abdullah M A, Manan S K A. Small and medium enterprises and their financing patterns: Evidence from Malaysia [J]. Journal of Economic Cooperation and Development, 2011, 32 (2): 1-18.

[32] Stiglitz J E, Weiss A. Credit rationing in markets with imperfect information [J]. The American Economic Review, 1981 (73): 393-410.

[33] Eniola A A, Entebang H. SME Firm Performance-Financial Innovation and Challenges [J]. Procedia - Social and Behavioral Sciences, 2015, 195: 334-342.

[34] Degryse, H, Cayseele, P V. Relationship lending within ban based system: Evidence from European small business data [J]. Journal of Financial Intermediation, 2000 (9): 90-109.

[35] Berger A N, Udell G F. A more complete conceptual framework for SME finance [J]. Journal of Banking & Finance, 2006, 30 (11): 2945-2966.

[36] Boot A W A, Thakor A V. Can relationship banking survive competition? [J]. The Journal of Finance, 2000, 55 (2): 679-713.

[37] Berkowitz J, White M J. Bankruptcy and small firms' access to credit [J]. RAND Journal of Economics, 2004 (35): 69-84.

[38] Jappelli, T, Pagano M, Bianco M. Court and banks: Effects of judicial enforcement on credit markets [J]. Journal of Money, Credit and Banking, 2005 (3): 223-244.

[39] Fisman R, Love I. Trade credit, financial intermediary development, and

industry growth [J]. The Journal of Finance, 2003, 58 (1): 353-374.

[40] Burkart M, Ellingsen T. In-kind finance: A theory of trade credit [J]. American Economic Review, 2004 (3): 569-590.

[41] Buzacott J A, Zhang R Q. Inventory management with assets-based financing [J]. Management Science, 2004 (24): 1274-1292.

[42] Jialan P. The Choice of Financing Mode of Industrial Clusters of Small and Medium-sized Enterprises [J]. Value Engineering, 2012, 1: 103.

[43] Raghavan N R S, Mishra V K. Short-term financing in a cash-constrained supply chain [J]. International Journal of Production Economics, 2011, 134 (2): 407-412.

[44] Rupeika-Apoga R. Financing in SMEs: Case of the Baltic States [J]. Procedia-Social and Behavioral Sciences, 2014, 150: 116-125.

[45] 屈文燕. 供應鏈金融——河南省中小企業融資新途徑 [J]. 河南工業大學學報: 社會科學版, 2011, 7 (2): 61-63.

[46] 謝黎旭. 供應鏈金融信任機制研究 [J]. 物流科技, 2011, 34 (4): 84-85.

[47] 任文超.「物資銀行」在供應鏈中的應用 [J]. 物流技術與應用, 2006, 11 (6): 82-84.

[48] 羅齊, 朱道立, 陳伯銘. 第三方物流服務創新: 融通倉及其運作模式初探 [J]. 中國流通經濟, 2002, 16 (2): 11-14.

[49] 陳祥鋒, 石代倫, 朱道立. 融通倉與物流金融服務創新 [J]. 科技導報, 2005, 23 (0509): 30-33.

[50] Allen N. Berger, Gregory F. Udell. A More Complete Concep-tual Framework for SME Finance [R]. World Bank Conference on Small and Medium Enterprises: Overcoming Growth Constraints, 2004, (10): 14-15.

[51] 郭濤. 中小企業融資的新渠道——應收帳款融資 [J]. 經濟師, 2005 (2): 152-153.

[52] Gustin D. Emerging Trends in Supply Chain Finance More companies are cashing in on Open Account for trade finance [J]. World Trade, 2005, 18 (8): 52.

[53] Mele, F. D., Guillen, G., Espuna, A., & Puigjaner, L. A simulation-based optimization framework for parameter optimization of supply-chain networks [J]. Industrial & engineering chemistry research, 2006, 45 (9): 3133-3148.

[54] 閆俊宏. 供應鏈金融融資模式及其信用風險管理研究 [D]. 西安:

西北工業大學, 2007, 4 (1): 44-46.

[55] Albert R. Koch. Economic aspects of inventory and receivable financing [J]. Law and Contemporary Problems, 1948, 13 (4): 566-578.

[56] Raymand W. Burman. Practical aspects of inventory and receivables financing [J]. Law and Contemporary Problems, 1948, 13 (4): 555-565.

[57] Dunham A. Inventory and accounts receivable financing [J]. Harvard Law Review, 1949, 62 (4): 588-615.

[58] Eisenstadt M. A finance company's approach to warehouse receipt loans [J]. New York Certified Public Accountant, 1966, 36 (9): 661-670.

[59] Anthony M Santomero. Jonh J. Seater. Is there an optimal size for the financial sector [J]. Journal of Bank & Finance, 2000 (24): 945-965.

[60] Klapper L. The role of「Reverse Factoring」in supplier financing of small and medium size enterprises [R]. World Bank, September, 2004, 102-103.

[61] Guillen G, Badell M, Puigjaner L. A holistic framework for short-term supply chain management integrating production and corporate financial planning [J]. International Journal of Production Economics, 2007, 106 (1): 288-306.

[62] Wellner B, Huyck M, Mardis S, et al. Rapidly retargetable approaches to de-identification in medical records [J]. Journal of the American Medical Informatics Association, 2007, 14 (5): 564-573.

[63] Wards B D, Margrave G F, Lamoureux M P. Phase-shift time-stepping for reverse-time migration [C]. 2008 SEG Annual Meeting. Society of Exploration Geophysicists, 2008.

[64] Pfohl H C, Gomm M. Supply chain finance: Optimizing financial flows in supply chains [J]. Logistics Research, 2009, 1 (3-4): 149-161.

[65] DC Hall, C Saygin. Impact of information sharing on supply chain performance [J]. International Journal of Advanced Manufacturing Technology. 2012, 58 (1-4): 397-409.

[66] Wuttke D A, Blome C, Foerstl K, et al. Managing the innovation adoption of supply chain finance—Empirical evidence from six European case studies [J]. Journal of Business Logistics, 2013, 34 (2): 148-166.

[67] Wuttke D A, Blome C, Henke M. Focusing the financial flow of supply chains: An empirical investigation of financial supply chain management [J]. International Journal of Production Economics, 2013, 145 (2): 773-789

［68］Bose I, Pal R. Do green supply chain management initiatives impact stock prices of firms? ［J］. Decision support systems, 2012, 52（3）: 624-634.

［69］於洋, 馮耕中. 物資銀行業務運作模式及風險控製研究［J］. 管理評論, 2003（9）: 45-50.

［70］楊紹輝. 從商業銀行的業務模式看供應鏈金融服務［J］. 物流技術, 2005（10）: 179-182.

［71］閆俊宏, 許祥秦. 基於供應鏈金融的中小企業融資模式分析［J］. 上海金融, 2007（2）: 14-16.

［72］楊晏忠. 論商業銀行供應鏈金融的風險防範［J］. 金融論壇. 2007（10）: 42-45.

［73］譚敏. 商業銀行供應鏈融資初探［N］. 北京財貿職業學院學報, 2008, 08（3）: 24.

［74］熊熊, 馬佳, 趙文杰, 王小琰, & 張今. 供應鏈金融模式下的信用風險評價［J］. 南開管理評論, 2009, 12（4）: 92-98.

［75］劉梅生. 中國銀行信貸與產業結構變動關係的實證研究［J］. 南方金融, 2009（7）: 24-26.

［76］杜瑞, 把劍群. 商業銀行與中小企業共贏之道——供應鏈融資［J］. 2010（2）: 112-115.

［77］夏泰鳳, 金雪軍. 供應鏈金融解困中小企業融資難的優勢分析［J］. 商業研究, 2011（6）: 129-132.

［78］謝泗薪. 物流企業快速成長的戰略槓桿: 供應鏈金融［J］. 中國流通經濟, 2012, 1: 69-74.

［79］蔣樂琴. 供應鏈金融［J］. 數字化用戶, 2014（24）.

［80］鄒武平. 供應鏈金融在廣西蔗糖產業融資中的應用研究［J］. 新疆農墾經濟, 2010,（12）: 46-49.

［81］羅元輝. 供應鏈金融與農業產業鏈融資創新［J］. 中國農村金融, 2011,（9）: 74-75.

［82］胡國暉. 農業供應鏈金融的運作模式及收益分配探討［J］. 農村經濟, 2013（05）: 45-49.

［83］鄭穎. 木材加工業供應鏈金融管理對策建議［J］. 河北工程大學學報: 社會科學版, 2013, 30（04）: 25-27.

［84］李曉瑩. 農產品供應鏈金融供求不對稱問題研究［J］. 東方企業文化, 2014（07）: 279-279.

[85] 黃斯瑤.供應鏈金融在汽車經銷商融資信貸中的應用研究［J］.現代經濟：現代物業（中旬刊），2010，09（06）：57-58.

[86] 劉暢.國內商業銀行汽車行業供應鏈金融服務研究［D］.北京：北京交通大學.2013.06.

[87] 胡明超.產業集群中小企業融資實證分析—以沭陽縣木材加工業為例［J］.金融縱橫，2006（9）：14-16.

[88] 鄭穎.中國木材加工業供應鏈結構及特徵研究［J］.湖北第二師範學院學報，2013，30（12）：61-63.

[89] 鄭穎.木材加工業供應鏈金融風險的構成及來源分析［J］.曲靖師範學院學報，2013，32（6）：95-98.

[90] 肖慧娟，秦濤，宋曉梅.基於信息不對稱角度的林業中小企業信貸融資分析［J］.林業經濟，2010，32（11）：90-93.

[91] 鄭穎，楊建州.木材加工業供應鏈金融質押物選擇風險研究［J］.東南學術，2013（4）：161-171.

[92] 於宏新.供應鏈金融的風險及防範策略［J］.經濟研究導刊，2010（20）：112-114.

[93] Barsky N P, Catanach A H. Evaluating business risks in the commercial lending decision［J］. Commercial Lending Review, 2005, 20（3）: 3-10.

[94] 畢家新.供應鏈金融：出現動因、運作模式與風險防範［J］.華北金融，2010（3）：20-23.

[95] 李毅學.供應鏈金融風險評估［J］.中央財經大學學報，2011（10）：36-41.

[96] Duffie D, Singleton K J. Credit risk: Pricing, measurement and management［M］. Shanghai: Shanghai University of Finance & Economics Press, 2009: 3-6.

[97] 張濤，張亞南.基於巴塞爾協議 III 中國商業銀行供應鏈金融風險管理［J］.時代金融，2012（12X）：148-149.

[98] 謝江林，何宜慶，陳濤.數據挖掘在供應鏈金融風險控製中的應用［J］.南昌大學學報（理科版），2008，32（3）：42-49.

[99] 文慧，鄧愛民，李紅，等.供應鏈金融風險及其可視化控制［J］.物流技術，2015，34（11）：227-229.

[100] 王靈彬.基於信息共享機制的供應鏈融資風險管理研究［J］.特區經濟，2006（10）：105-106.

[101] 甯紅地. 供應鏈金融的風險模型分析研究 [J]. 經濟問題, 2008 (11): 109-112.

[102] Coulter J, Onumah G. The role of warehouse receipt systems in enhanced commodity marketing and rural livelihoods in Africa [J]. Food policy, 2002, 27 (4): 319-337.

[103] 曾妮妮, 永春芳, 辛衝衝. 農產品供應鏈金融風險評價體系研究 [J]. 農業展望, 2015 (12): 15-19.

[104] 楊樹帥. 山西煤炭供應鏈金融風險分析及控製對策研究 [J]. 科技展望, 2015, 6: 165.

[105] 馬冬雪, 趙一飛. 第三方物流企業的供應鏈金融風險測度 [J]. 物流科技, 2011 (2): 54-56.

[106] 易君麗, 龐燕. 基於 AHP 的農產品物流金融風險評價 [J]. 企業經濟, 2012 (8): 124-128.

[107] Parlar, M, Weng, Z. K. Balancing desirable but conflicting objectives in the Newsvendor problem [J]. IIE Transactions, 2003 (25): 131-142.

[108] Chen X, Sim D M, Simchi Levi, & Sun, P. Risk aversion in inventory management [R]. Working Paper, the Center of E-business in MIT, 2003.

[109] Berling Peter, Rosling Kaj. The effects of financial risks on inventory policy [J]. Management Science, 2005, 51 (12): 1804-1815.

[110] Gotoh J, Takano Y. Newsvendor solutions via conditional value-at-risk minimization [J]. European Journal of Operational Research, 2007, 179 (1): 80-96.

[111] Chih-Yang Tsai. On supply chain cash flow risks [J]. Decision Support Systems, 2008, 44 (4): 1031-1042.

[112] Chih-Yang Tsai. On delineating supply chain cash flow under collection risk [J]. International Journal of Production Economics, 2011 (129): 196-194.

[113] Lavastre O, Gunasekaran A, Spalanzani A. Supply chain risk management in French companies [J]. Decision Support Systems, 2012, 52 (4): 828-838.

[114] Heckmann I, Comes T, Nickel S. A critical review on supply chain risk-Definition, measure and modeling [J]. Omega, 2015 (52): 119-132.

[115] 劉士寧. 供應鏈金融發展的現狀與風險防控 [J]. 中國物流與採購, 2007 (7): 68-69.

[116] 尹海丹.基於供應鏈金融各模式下的銀行風險防範［J］.經濟師，2009（5）：18-19.

[117] 陳嬌.企業物流金融風險防控策略研究［J］.湖南工業職業技術學院學報，2010，3（10）：54-56.

[118] 李娟，徐渝，賈濤.物流金融創新下的訂單融資業務風險管理［J］.統計與決策，2010（19）：171-173.

[119] 王波.論供應鏈金融下應收帳款融資模式風險及其防範［J］.江蘇經貿職業技術學院學報，2011（1）：10-13.

[120] 劉曉曙.商業銀行市場風險限額設置與管理［M］.北京：清華大學出版社，2012：1-17.

[121] 俞特.第三方物流企業供應鏈金融服務的風險管理研究［J］.中國商貿，2012（12）：137-138.

[122] 陳樹宏，羅增龍.構建新形勢下農發行信貸風險防控體系的思考［J］.河北金融，2012（1）：36-37.

[123] 顧振偉.基於銀行視角的供應鏈金融風險分析［J］.商業時代，2012（25）：69-70.

[124] 牛曉健，郭東博，裘翔，張延.供應鏈融資的風險測度與管理——基於中國銀行交易數據的實證研究［J］.金融研究，2012（11）：138-151.

[125] 白世貞，黎雙.基於BP神經網路的供應鏈金融風險評估研究［J］.商業研究，2013（1）：27-31.

[126] 姜超峰.供應鏈金融服務創新［J］.中國流通經濟，2015，29（1）：64-67.

[127] 王婷.銀行在中小企業供應鏈金融中的風險控製［J］.經營與管理，2015（2）：88-91.

[128] 黃靜，趙慶禎.基於樸素貝葉斯的供應鏈金融信用風險預測分析［J］.物流科技，2009，32（8）：134-137.

[129] 章橋新，陳文，徐亮.基於供應鏈融資的企業信用風險評價體系研究［J］.現代商貿工業，2015，36（1）：55-56.

[130] 彎紅地.銀企聯盟供應鏈與供應鏈金融的比較分析［J］.經濟問題，2009（4）：86-89.

[131] Gu Jing, Yang Yang, Chen Xue Zheng. Alleviating Financing Constraints on Small and Medium Enterprises through the Supply Chain. Working Paper.

[132] 李華，黃有方.基於動態質押的供應鏈融資集合模式研究［J］.物

流技术, 2010, 29 (8): 104-106.

[133] 李芹, 吴丝丝, 霍强. 中小企业融资困境与供应链金融创新研究 [J]. 经济论坛, 2014 (5): 61-67.

[134] 章文燕. 以供应链金融创新应对金融海啸研究——以台州民营企业大型医疗设备供应链金融为例 [J]. 物流科技, 2010 (4): 96-100.

[135] Chowdhury M S A, Azam M K G, Islam S. Problems and Prospects of SME Financing in Bangladesh [J]. Asian Business Review, 2015, 2 (2): 51-58.

[136] Ibe S O, Moemena I C, Alozie S T, et al. Financing Options for Small and Medium Enterprises (SMEs): Exploring Non-Bank Financial Institutions as an Alternative Means of Financing [J]. Journal of Educational Policy and Entrepreneurial Research, 2015, 2 (9): 28-37.

[137] Sleuwaegen, L., Goedhuysa, M. Growth of firms in developing countries, evidence from Côte d'Ivoire [J]. Journal of Development Economics, 2002, 68: 117-135.

[138] Rossi, Matteo. SMEs' access to finance: an overview from southern Italy [J]. European Journal of Business and Social Science, 2014, 2 (11): 155-164.

[139] Beck, T., Demirguc-Kunt, A. Small and medium-size enterprises: access to finance as a growth constraint [J]. Journal of Banking and Finance, 2006, 30: 2931-2943.

[140] Cassar, G., Ittner, C. D., Cavalluzzo, K. S. Alternative information sources and information asymmetry reduction: evidence from small business debt [J]. Journal of Accounting and Economics, 2015, 59: 242-263.

[141] Comeig, I., Fernandez, M. O., Ramirez, F. Information acquisition in SME's relationship lending and cost of loans [J]. Journal of Business Research, 2015, 68 (7): 1650-1652.

[142] Chang X, Deng S. The development of supply chain finance in China [J]. International Journal of Management Excellence, 2014, 3 (3): 475-479.

[143] Chen S, Murata T. Decision-Making of Supply Chain Finance, based on Inventory Financing Procedure under Default Risk and Market Risk [C]. Proceedings of the International MultiConference of Engineers and Computer Scientists. 2016, 2.

[144] Yi, X. H., Zhou, Z. F. Study on loan-to-value ratios of bank in the supply chain finance [J]. Chinese Journal of Management Science, 2012, 1: 102

-108.

[145] Zhao J, Duan Y. The coordination mechanism of supply chain finance based on tripartite game theory [J]. Journal of Shanghai Jiaotong University (Science), 2016, 21: 370-373.

[146] Yan N, Sun B, Zhang H, et al. A partial credit guarantee contract in a capital-constrained supply chain: Financing equilibrium and coordinating strategy [J]. International Journal of Production Economics, 2016 (173): 122-133.

[147] Spence M. Job market signaling [J]. The Quarterly Journal of Economics, 1973 (87): 355-374.

[148] Liu Y, Fry M J, Raturi A S. Retail price markup commitment in decentralized supply chains [J]. European Journal of Operational Research, 2009, 192 (1): 277-292.

[149] Wang Z, Wang L, Wang K. Research on risk evaluation of SME financing based on Grey Theory [J]. International Journal of Financial Research, 2012, 3 (1): 73-80.

[150] Tang O, Musa S N. Identifying risk issues and research advancements in supply chain risk management [J]. International Journal of Production Economics, 2011, 133 (1): 25-34.

[151] Beck T, Demirgüç-Kunt A, Pería M S M. Bank financing for SMEs: Evidence across countries and bank ownership types [J]. Journal of Financial Services Research, 2011, 39 (1-2): 35-54.

[152] Lafferty B A, Goldsmith R E. How influential are corporate credibility and endorser attractiveness when innovators react to advertisements for a new high-technology product [J]. Corporate Reputation Review, 2004, 7 (1): 24-36.

[153] Petersen M A, Rajan R G. The benefits of lending relationships: Evidence from small business data [J]. The Journal of Finance. 1994, 49 (1): 3-37.

[154] Berger A N, Schaeck K. Small and medium-sized enterprises, bank relationship strength, and the use of venture capital [J]. Journal of Money, Credit and Banking, 2011, 43 (2-3): 461-490.

[155] Mirrlees J A. An exploration in the theory of optimum income taxation [J]. The Review of Economic Studies, 1971 (38): 175-208.

[156] Potts Carr A J. Choctaw Eco-Industrial Park: an Ecological Approach to Industrial Land-Use Planning and Design [J]. Landscape and Urban Planning,

1998, 42（2）：239-257.

[157] 何自力，徐學軍.一個銀企關係共生界面測評模型的構建和分析：來自廣東地區的實證[J].南開管理評論, 2006（4）：64-69.

[158] 王千.互聯網企業平臺生態圈及其金融生態圈研究——基於共同價值的視角[J].國際金融研究, 2014（11）：76-86.

[159] 韋伯.工業區位論[M].李剛劍，等，譯.北京：商務印書館, 1997.

[160] Coleman J S, Coleman J S. Foundations of Social Theory [M]. Harvard University Press, 1994.

[161] Nooteboom B, Noorderhaven N G. Effects of Trust and Governance on Relational Risk [J]. Academy of Management Journal, 1997（40）：303-38.

[162] 陳林，周宗放.商業銀行集團客戶統一授信額度的優化配置研究[J].中國管理科學, 2015（2）：39-43.

[163] Chava S, Jarrow R. Modeling loan commitments [J]. Finance Research Letters, 2008, 5（1）：11-20.

[164] Ariccia G, Marquez R. Information and bank credit allocation [J]. Journal of Financial Economics, 2004, 72（1）：185-214.

[165] Taylor J. A unified approach to credit limit setting [J]. Rma Journal, 2002, 84（10）：56-61.

[166] Stanhouse B, Schwarzkopf A, Ingram M. A computational approach to pricing a bank credit line [J]. Journal of Banking & Finance, 2011, 35（6）：1341-1351.

[167] Zambaldi F, Aranha F, Lopes H, et al. Credit granting to small firms: A Brazilian case [J]. Journal of Business Research, 2011, 64（3）：309-315.

[168] Thakor A V. Toward a theory of bank loan commitments [J]. Journal of Banking & Finance, 1982, 6（1）：55-83.

[169] Chateau J P D. Valuation of 『capped』 variable rate loan commitments [J]. Journal of Banking & Finance, 1990, 14（4）：717-728.

[170] Hau A. Pricing of loan commitments for facilitating stochastic liquidity needs [J]. Journal of Financial Services Research, 2011, 39（1-2）：71-94.

[171] 劉長宏，王春暉，吳迪.關於創建中小企業「1+N」授信模式的研究[J].金融論壇, 2008（2）：32-36.

[172] 劉振華，謝赤.基於RAROC模型的商業銀行授信額度研究[J].經

濟管理，2012（12）：111-119.

［173］龐淑娟. 大數據在銀行信用風險管理中的應用［J］. 徵信，2015（3）：12-15.

［174］巴曙鬆. 大數據可解小微企業融資瓶頸［J］. 中國經濟報告，2013（6）：29-31.

［175］譚先國，洪娟. 大數據時代下小微貸款創新［J］. 中國金融，2014（18）：73-74.

［176］禹亦歆，劉徵馳. 網路信息披露，大數據評級與電商小額貸款［J］. 財政金融，2016（4）：10-12.

［177］唐時達，李智華，李曉宏. 供應鏈金融新趨勢［J］. 中國金融，2015（10）：40-41.

［178］周琰. 互聯網金融融資模式分析——解決中小微企業貸款難新途徑［J］. 中國井岡山幹部學院學報，2016，9（1）：132-139.

［179］H. V. Almeida and D. Wolfenzon. A theory of pyramidal ownership and family business groups［J］. Journal of Finance, 2006, 6（61）：2637-2680.

［180］T. Khanna and K. Palepu. Is group affiliation profitable in emerging markets? And analysis of diversified Indian business groups［J］. Journal of Finance, 2000, 55（2）：867-891.

［181］M. Deloof and M. Jegers: Trade credit, corporate groups and the financing of Belgian firms［J］. Journal of Business Finance & Accounting, 2003, 26（7）：945-966.

［182］I. Mevorach. Appropriate treatment of corporate groups in insolvency: a universal view［J］. European Business Organization Law Review, 2007（8）：179-194.

［183］J. Siegel and P. Choudhury. A re-examination of tunneling and business groups: new data and new methods［J］. Review of Financial Studies, 2012（25）：1763-1798.

［184］R. Gopalan, V. Nanda, and A. Seru. Affiliated firms and financial support: evidence from Indian business groups［J］. Journal of Financial Economics, 2007（86）：759-795.

［185］T. Khanna and Y. Yafeh. Business groups and risk sharing around the world［J］. Journal of Business, 2005（78）：301-340.

［186］R. W. Masulis, P. K. Phan, and J. Zein. Family business group around the world: costs and benefits of pyramids [J]. Review of Financial Studies, 2011 (24): 3556-3600.

[187] G. Jiang, C. M. Lee, and H. Yue. Tunneling through intercorporate loans: the China experience [J]. Journal of Financial Economics, 2010 (98): 1-20.

[188] S. Johnson, R. La Porta, F. Lopez-de-Silanes, and A. Shleifer. Tunneling [J]. American Economic Review, 2000 (90): 22-27.

[189] V. Atanasov, B. Black, C. Ciccotello, and S. Gyoshev. How does law affect finance? An examination of equity tunneling in Bulgaria [J]. Journal of Financial Economics, 2010 (96): 155-173.

[190] F. Urzua. Too few dividends? Groups tunneling through chair and board compensation [J]. Journal of Corporate Finance, 2009 (15): 245-256.

[191] L. Chen and Z. F. Zhou. The research on measure default correlation of related corporations controlled by an enterprise group [J]. Chinese Journal of Management Science, 2010, 5 (18): 159-164.

[192] T. Ane and C. Kharoubi. Dependence structure and risk measure [J]. The Journal of Business, 2003, 3 (76): 411-438.

[193] R. Frey and A. J. McNeil. VaR and expected shortfall in portfolio of dependent credit risks: conceptual and practical insight [J]. Journal of Banking and Finance, 2002 (26): 1317-1334.

[194] N. F. Gregor and B. Wei. Are copula-gof-tests of any practical use? Empirical evidence for stocks, commodities and FX futures [J]. The Quarterly Review of Economics and Finance, 2011 (51): 173-188.

[195] R. A. Jarrow and S. Turnbull. Pricing derivatives on financial securities subject to credit risk [J]. Journal of Finance, 1995 (50): 53-86.

[196] A. Y. Ha and S. L. Tong. Constracting and information sharing under supply chain competition [J]. Management Science, 2008, 54 (4): 701-715.

[197] J. Chen and Peter C. Bell. The impact of customer returns on supply chain decisions under various channel interactions [J]. Annals of Operations Research, 2006 (1): 59-74.

[198] G. H. Wang and J. H. Ma. Modeling and complexity study of output game among multiple oligopolistic manufactures in supply chain [J]. International Journal of Bifurcation and Chaos, 2013, 23 (3): 38-48.

[199] T. Y. Li and J. A. York. Period three implies chaos [J]. The American Mathematical Monthly, 1975 (82): 985-992.

[200] Fang, C., & Marle, F. Dealing with project complexity by matrix-based propagation modelling for project risk analysis [J]. Journal of Engineering Design, 2013, 24 (4): 239-256.

[201] Hu, H. Q., Zhang, L., Zhang, D. H., & Chen, L. Research on finance credit risk assessment of supply chain based on SVM [J]. Soft Science, 2011 (5): 1-7.

[202] Wang, Y. M., Fan, Z. P., & Hua, Z. S. A chi-square method for obtaining a priority vector from multiplicative and fuzzy preference relations [J]. European Journal of Operational Research, 2007, 182 (1): 356-366.

[203] Zhu, B., Xu, Z., Zhang, R., & Hong, M. Generalized analytic network process [J]. European Journal of Operational Research, 2015, 244 (1): 277-288.

[204] Choo, E. U., & Wedley, W. C. A common framework for deriving preference values from pairwise comparison matrices [J]. Computers & Operations Research, 2004, 31 (6): 893-908.

[205] Zhu, B., Xu, Z. S., & Xu, J. P. Deriving a ranking from hesitant fuzzy preference relations under group decision making [J]. IEEE Transactions on Cybernetics, 2014, 44 (8): 1328-1337.

[206] Fan, Z. P., Ma, J., Jiang, Y. P., Sun, Y. H., & Ma, L. A goal programming approach to group decision making based on multiplicative preference relations and fuzzy preference relations [J]. European Journal of Operational Research, 2006, 174 (1): 311-321.

[207] Xu, Z. S. A survey of preference relations [J]. International Journal of General Systems, 2007, 36 (2): 179-203.

[208] Gong, Z. W. Least-square method to priority of the fuzzy preference relations with incomplete information [J]. International Journal of Approximate Reasoning, 2008, 47 (2): 258-264.

[209] Zhu, B., & Xu, Z. S. A fuzzy linear programming method for group decision making with additive reciprocal fuzzy preference relations [J]. Fuzzy Sets and Systems, 2014 (246): 19-33.

[210] 曾康霖. 刍議金融生態 [J]. 中國金融, 2007 (18): 86-87.

[211] 李揚, 王國剛, 劉煜輝. 中國城市金融生態環境評價 [M]. 北京:

人民出版社,2005.

[222] 徐諾金.論中國的金融生態問題[J].金融研究,2005(2):35-45.

[223] 陳哲,餘吉安,張榕.金融生態視角下的金融監管[J].北京交通大學學報:社會科學版,2012,11(1):52-58.

[224] 韓廷春,周佩璇.金融生態系統失衡及調節機制的實證研究[J].理論學刊,2010(8):31-36.

[225] 沈軍,趙晶晶,張迪.金融生態與金融效率——一個二元視角下的理論分析[J].金融發展研究,2008(1):12-15.

[226] 萬良勇,魏明海.金融生態、利益輸送與信貸資源配置效率——基於河北擔保圈的案例研究[J].管理世界,2009(5).

[227] 李正輝,萬曉飛.金融生態國際競爭力促進經濟增長的實證分析[J].金融研究,2008(4):199-206.

[228] 韓廷春,趙志讚.金融生態影響經濟增長的機制分析[J].公共管理評論,2009(1).

[229] 林欣.中國金融生態與經濟增長關係研究[J].統計與決策,2016(1):119-123.

[230] Chertow M R. Industrial symbiosis: literature and taxonomy [J]. Annual review of energy and the environment, 2000, 25(1): 313-337.

[231] 胡曉鵬.產業共生:理論界定及其內在機理[J].中國工業經濟,2008(9):118-128.

[232] 陳有真,段龍龍.業生態與產業共生——產業可持續發展的新路徑[J].理論視野,2014(2):78-80.

[233] 鮑麗潔.產業共生的特徵和模式分析[J].當代經濟,2011(16):146-147.

[234] 石磊,劉果果,郭思平.中國產業共生發展模式的國際比較及對策[J].生態學報,2012,32(12):3950-3957.

[235] Chertow M R.「Uncovering」industrial symbiosis [J]. Journal of Industrial Ecology, 2007, 11(1): 11-30.

[236] 吳勇民,紀玉山,呂永剛.金融產業與高新技術產業的共生演化研究——來自中國的經驗證據[J].經濟學家,2014,7:82-92.

[237] 秦濤,田治威,潘煥學.林業金融的研究進展述評與分析框架[J].北京林業大學學報:社會科學版,2011,10(3):87-91.

[238] 李軍.實現金融與產業共生共榮[J].中國金融家,2013,1:012.

［239］苗麗.「互聯網+供應鏈+金融」模式的內涵與應用分析［J］.商業經濟研究,2015(33):75-77.

［240］張敬峰,周守華.產業共生,金融生態與供應鏈金融［J］.金融論壇,2013(8):69-74.

［241］李占雷,郝林靜,孫紅哲.供應鏈金融生態系統核心企業的能量擴散效應［J］.江蘇商論,2012(12):139-144.

［242］Salazar J. Environmental finance: linking two world［C］. A Workshop on Financial Innovations for Biodiversity Bratislava. 1998(1):2-18.

［243］Chami R, Cosimano T F, Fullenkamp C. Managing ethical risk: How investing in ethics adds value［J］. Journal of Banking & Finance, 2002, 26(9):1697-1718.

［244］餘東華,芮明杰.基於模塊化的企業價值網路及其競爭優勢研究［J］.中央財經大學學報,2007(7):52-57.

國家圖書館出版品預行編目(CIP)資料

供應鏈金融模式創新與風險管理：理論與實證研究/ 顧婧 著.
-- 第一版. -- 臺北市：崧博出版：崧燁文化發行, 2018.09

面； 公分

ISBN 978-957-735-451-8(平裝)

1.中小企業管理 2.供應鏈管理 3.風險管理

494　　107015112

書　名：供應鏈金融模式創新與風險管理：理論與實證研究
作　者：顧婧 著
發行人：黃振庭
出版者：崧博出版事業有限公司
發行者：崧燁文化事業有限公司
E-mail：sonbookservice@gmail.com
粉絲頁　　　　　　　網　址：
地　址：台北市中正區重慶南路一段六十一號八樓815室
8F.-815, No.61, Sec. 1, Chongqing S. Rd., Zhongzheng Dist., Taipei City 100, Taiwan (R.O.C.)
電　話：(02)2370-3310　傳　真：(02) 2370-3210
總經銷：紅螞蟻圖書有限公司
地　址：台北市內湖區舊宗路二段121巷19號
電　話：02-2795-3656　　傳真：02-2795-4100　網址：
印　刷：京峯彩色印刷有限公司（京峰數位）

本書版權為西南財經大學出版社所有授權崧博出版事業有限公司獨家發行電子書繁體字版。若有其他相關權利及授權需求請與本公司聯繫。

定價：300元

發行日期：2018年9月第一版

◎ 本書以POD印製發行

獨家贈品

愛的讀者歡迎您選購到您喜愛的書，為了感您，我們提供了一份禮品，爽讀 app 的電書無償使用三個月，近萬本書免費提供您享閱讀的樂趣。

ios 系統	安卓系統	讀者贈品

七依照自己的手機型號掃描安裝 APP 註冊，再掃「讀者贈品」，複製優惠碼至 APP 內兌換

優惠碼(兌換期限2025/12/30)
READERKUTRA86NWK

讀 APP

- 多元書種、萬卷書籍，電子書飽讀服務引領閱讀新浪潮！
- AI 語音助您閱讀，萬本好書任您挑選
- 領取限時優惠碼，三個月沉浸在書海中
- 固定月費無限暢讀，輕鬆打造專屬閱讀時光

用留下個人資料，只需行動電話認證，不會有任何騷擾或詐騙電話。